AF523552

Bernd Heinrich

Flugbahn und Federflaum

Vom Beobachten wilder Vögel

Aus dem Englischen von
Ulrike Kretschmer

Mit Zeichnungen von
Bernd Heinrich und
Pauline Altmann

NATURKUNDEN

NATURKUNDEN N° 93
herausgegeben von Judith Schalansky
bei Matthes & Seitz Berlin

Inhalt

Einführung

Als Kind hatte ich ein Haustier, eine Krähe namens Jacob. Ich durchstreifte die Wälder, um Futter für ihn zu fangen – Frösche, Feldmäuse, Raupen, Käfer und Grashüpfer –, das er mir aus der Hand fraß. Alle anderen Wildvögel aber blieben unerreichbar für mich. Sehr viel später sollten meine Berufung und meine Leidenschaft mich auf eine neue Suche führen: nach Antworten auf Fragen zu bestimmten Verhaltensweisen von Tieren und den Gründen dafür. Diesbezüglich verlangte das Protokoll danach, sowohl willkürliche Zufälle als auch individuelle Unterschiede aus meinen Nachforschungen auszuklammern. Dennoch ist beides ein wichtiger Teil des Lebens und mitnichten nebensächlich, und das Ziel der Biologie besteht nun einmal darin, das Leben in all seinen natürlichen Ausprägungsformen zu verstehen. Mit diesem Buch möchte ich deshalb den Individuen, wie sie mir in der Natur begegneten, meine Anerkennung zollen.

Meine brennende Neugier darauf, was wir aus der Nähe zu Wildvögeln lernen können, wurde durch ein Erlebnis in Afrika entfacht.

Von einem staubigen Weg an einem Berghang in Kenia aus konnte ich den Nakurusee mit seiner Million rosafarbener Flamingos und Tausenden von weißen Pelikanen sehen. Eine Szene wie gemalt, wunderschön und doch unnahbar, die mir – zu Recht – das Gefühl vermittelte, nur ein Tourist auf fremdem Territorium zu sein. Plötzlich aber fiel mein Blick im nahe gelegenen Busch auf einen ganz anderen Garten Eden.

Unter den Akazien in der Nähe des Seeufers tummelten sich Vögel zwischen den furchteinflößendsten Säugetieren auf Erden, den mächtigen und angriffslustigen Kaffernbüffeln. Huckepack auf ihrem Rücken saßen zu den Staren gehörende Madenhacker, zu ihren Füßen wurden sie von Kuhreihern begleitet. Opalracken wirbelten auf der Jagd nach Insekten ganz dicht über die Büffel hinweg, und unmittelbar in der Nähe naschten Malachit-Nektarvögel aus leuchtend roten Blüten. Die meisten Wildvögel halten sich von Menschen fern, den Büffel aber schienen sie lediglich als Teil der Landschaft zu betrachten. Einen Augenblick lang fragte ich mich, was wohl wäre, stünde ein Mensch an der Stelle des Kaffernbüffels. Was, wenn die Vögel uns wie ihn behandelten oder so, wie Jacob mich behandelt hatte? Einer der Gründe, warum die Welt für uns so wunderschön und aufregend sein kann, ist der, dass vielleicht nur wir die Fähigkeit besitzen, uns durch Wissen, das zu Empathie führt, in die Welt anderer hineinzuversetzen. Wenn wir einen Vogel kennenlernen – wenn wir lernen, wo er lebt, was er frisst, wie er nach Nahrung sucht, wo und wie er nistet, wovor er Angst hat und ganz allgemein was er mag und was er nicht mag –, betreten wir eine solche andere Welt. Jedes Tier ermöglicht uns eine neue Sicht auf die Dinge, eine neue Erfahrung, die uns aus dem Gewohnten heraustreten und in etwas Neues eintauchen lässt, und das ist immer ein Abenteuer.

Wenn sie in ihrer natürlichen Umgebung sie selbst sein können, versüßen uns Vögel mit ihrem geradezu überirdischen Gesang, ihrer Schönheit und ihren erstaunlichen Verhaltensweisen den Tag. Die Distanz, die uns für gewöhnlich von ihnen trennt, macht es schwierig, einzelne Individuen zu identifizieren, geschweige denn ihnen in die Natur, in der sie leben, zu folgen. Um Wissen aus ihnen zu schöpfen und so letztlich Vertrautheit zu schaffen, bedarf es in der Regel langfristiger und technisch komplizierter Beobachtungen. Dazu gehören traditionellerweise Dinge wie das verschiedenfarbige oder nummerierte Beringen der Füße oder Flügel oder die Überwachung einzelner Vögel mithilfe elektronischer Geräte. Dem Amateurbiologen stehen die meisten dieser Methoden allerdings nicht zur Verfügung und tatsächlich werden sie auch nur von wenigen professionellen Ornithologen benutzt. Abgesehen von den offensichtlichen Ausnahmen wurden die in diesem Buch beschriebenen Wildvogelbeobachtungen alle ohne jegliches technische Gerät unternommen. Und so sind die Beziehungen zu Wildvögeln, von denen ich hier berichte, im Grunde allen überall möglich.

Meine Beobachtungen von Vögeln einer bestimmten Art wurden meist durch das Bemerken einer ungewöhnlichen Verhaltensweise angestoßen, aus dem sich eine spezielle Fragestellung ergibt. Ich folgte Hinweisen, wo sie sich zeigten, und wartete darauf, dass einzelne Punkte sich entweder zu einem interessanten Muster oder zu einer vorläufigen Hypothese verbanden, die dann wiederum vielleicht zu einer vorläufigen Erkenntnis führte. Diese Hinweise, die Wege und Umwege, brachten Abenteuer hervor, die ich hier in schriftlichen und manchmal tatsächlichen Skizzen festzuhalten versucht habe.

Der Großteil des Materials für dieses Buch stammt von einer Lichtung oder deren näheren Umgebung in den Wäldern von Maine um die Blockhütte herum, in der ich mittlerweile lebe. Große, in alle Richtungen weisende Fenster machen aus der Hütte eine bewohnbare Station zur Vogelbeobachtung. Das Gleiche gilt für das Nebengebäude, das über eine ganz ähnliche Rundumsicht verfügt. Die Lichtung, auf der die Blockhütte steht - eine Insel mitten im Wald -, birst geradezu vor Beeren, Samen und Insekten, die in den umliegenden Wäldern nicht zu finden sind. Als Dauerbewohner ohne Radio, Fernseher oder andere elektronische Ablenkungen außer E-Mail beschäftige ich mich stattdessen mit meinen gefiederten Nachbarn und Besuchern, den Nomaden der Lüfte, über die ich sommers wie winters, im Frühjahr ebenso wie im Herbst täglich Buch führe.

Mit diesem Buch hoffe ich, auf direkter Beobachtung gründende Details aus dem Vogelalltag enthüllen zu können, und während ich ebenso hoffe, ein wenig vom Kitzel der Jagd vermitteln zu können, geht es hier weniger um Forschungsergebnisse als vielmehr um die Gründe, warum ich diese Forschungen anstelle. Das Buch soll so realitätsnah sein, wie es die Wissenschaft verlangt, dabei aber gleichzeitig so fantasievoll, dass es auch die Möglichkeiten innerhalb des wissenschaftlichen Rahmens ausschöpft.

1
Ein Haus voller Spechte

Der Sommer, den ich mit dem Beobachten von Vögeln verbracht hatte, neigte sich dem Ende zu. Die meisten von ihnen hatten ein Weibchen oder ein Männchen gefunden, Nester gebaut und Eier bebrütet; nun bestand ihre Hauptbeschäftigung in der Futtersuche für die Jungen. Ich hatte gerade den Beobachtungsmarathon eines Sumpfschwalbenpaars hinter mir. Mein Phoebetyrann hatte dieses Jahr keine Partnerin abbekommen. Das diesjährige Kapitel des Graukopf-Vireos war abgeschlossen: In einem Nest, das ich in einer Balsam-Tanne beobachtete, waren vier Junge geschlüpft, das andere war aufgegeben worden, nachdem sich die Anzahl der Eier in ihm immer weiter vermindert hatte. Die Saftlecker mit ihrer »Megatrommel« auf dem Apfelbaum hatten mit dem Trommeln aufgehört und brüteten nun die Eier aus oder fütterten bereits den Nachwuchs. Allmählich war ich entspannt genug, um mich hinzusetzen und zu schreiben. Doch Ablenkungen gibt es immer.

Gleich neben dem Fenster meiner Blockhütte steht eine Papier-Birke. Sie war am Rand des alten Kellerlochs mit seinen verfallenden Steinfundamenten gewachsen, die ich wieder aufgebaut hatte, um meine Hütte darauf zu errichten. Diese Birke beherbergt jedes Jahr Blattlauskolonien, die von Roten Waldameisen, den Bewohnern meines Dachstuhls, bewacht werden. Die Ameisenstraße, die die weiße Rinde des Baums hinauf- und hinabführt, lockt ein Paar Gelbbauch-Saftlecker an. Keine drei Meter von der Stelle entfernt, an der ich auf der Couch sitze und schreibe, bedienen sich die wunderschönen Spechte heimlich, still und leise vom reich gedeckten Tisch des verkehrsreichen Wirtschaftswegs.

Deshalb überraschte es mich auch nicht besonders, einen Specht zu hören, der auf die Blockhüttenwand gegenüber der Birke einklopfte; ich nahm an, einer der Saftlecker wäre vorübergehend von den Ameisen abgelenkt und hätte damit begonnen, das Holz zu testen. Doch seltsam: Jedes Mal, wenn ich die Tür öffnete, um nachzusehen, flog ein anderer Specht, nämlich ein Goldspecht, davon. Nach einer Weile fiel mir eine verdächtige Rhythmik des Klopfens auf. Auch Goldspechte ernähren sich von Ameisen, doch soweit ich weiß, suchen sie am Boden nach ihnen.

Am nächsten Tag, am 8. Juni, stand ich morgens um halb fünf auf, um mir ein paar Notizen zu den Raben vom Vortag zu machen. Nur wenig später hörte ich dasselbe rhythmische *Klopf, Klopf, Klopf, Klopf, Klopf* von derselben Blockhüttenwand. Sicherlich würde das bald aufhören. Als das gegen sechs noch immer nicht der Fall war, sich im Gegensatz zum Specht meine Geduld aber erschöpft hatte, öffnete ich wieder vorsichtig die Tür, spähte um die Ecke und sah erneut einen Goldspecht davonfliegen. Dieses Mal allerdings bemerkte ich außerdem noch ein kleines Loch, das die äußeren Kiefernbretter der Hüttenwand beinahe durchdrang: Der Goldspecht war offensichtlich dabei, sich hier eine Nisthöhle zu zimmern. Da zwischen äußerer und innerer Hüttenwand jedoch eine zehn Zentimeter breite Lücke klaffte, würden die Goldspechte – ich nahm an, es handelte sich um ein Pärchen – früher oder später auf einen bodenlosen Zwischenraum stoßen, in dem sie unmöglich ihre Eier ablegen konnten.

Am nächsten Morgen vernahm ich gegen zehn nach fünf ein Rascheln an der Wand, gefolgt von einem leichten Klopfen, das sich in ein energisches Hämmern verwandelte und beinahe unvermindert zwei Stunden lang anhielt. Es hörte erst auf, als ein zweiter Vogel herangeflogen kam. Nachdem es eine Zeit lang still gewesen war, setzte eine Serie von fünf einzelnen, leisen, etwa eine Sekunde langen Trommelwirbeln ein, die möglicherweise als Signal zu verstehen waren. Dann: absolute Stille. Hatte es das Paar durch die äußere Wand geschafft?

Das Loch war nun beinahe groß genug, dass die Vögel durchpassten, und ich befürchtete, dass sie wegfliegen und sich irgendwo anders eine Nisthöhle bauen würden, wenn sie den Zwischenraum entdeckten. Doch eine solche Gelegenheit, die Gelegenheit nistender Goldspechte im eigenen Haus, durfte ich mir nicht entgehen lassen! Also musste ich ihnen irgendwie helfen, ohne dass sie es merkten, und dazu hatte ich nur die wenigen Minuten, die sie gerade nicht vor Ort waren.

Der potenzielle Nistplatz lag so weit oben, dass ich von außen nicht an ihn herankam, allerdings konnte ich ungefähr ausrechnen, wo er in der Wand des oberen Schlafzimmers liegen musste. An der vermuteten Stelle entfernte ich mithilfe meiner Kettensäge einen Teil der Innenwand. Anschließend nagelte ich Bretter unter und neben das Einflugloch, um den Spechten eine Nistmöglichkeit zu schaffen, bedeckte den Boden mit Sägespänen und Hackschnitzen und hatte kaum das Sägemehl von Schlafzimmerboden, Bettzeug sowie Kleidung gewischt und meinen Platz unten wieder eingenommen, als das Klopfen wieder einsetzte.

Am Vormittag war es dann so weit: Der Specht war im Haus, genauer gesagt in der Ostwand desselben. Als es Nachmittag geworden war, vernahm ich dort kratzende Geräusche, aber kein Klopfen mehr. Das Kratzen und ein gelegentliches sehr leichtes und kurzes Klopfen hielten bis in den Abend hinein an und waren um fünf Uhr zehn am nächsten Morgen erneut zu hören. Nach wiederum zwei Stunden hörten die Geräusche auf, genau in dem Augenblick, als ein zweiter Vogel zur Wand geflogen kam. Dann folgten wieder die vermutlich der Kommunikation dienenden Trommelwirbel, die sich wie Finger anhörten, die über die Zinken eines Kamms fahren. Danach herrschte erneut absolute Stille. Und ich war glücklich: Ich war mir sicher, dass die Goldspechte zum Nisten bleiben würden.

Damals wohnte ich noch nicht die ganze Zeit über in der Blockhütte und verließ sie für ein paar Tage. Am 16. Juni kehrte ich zurück und konnte es kaum erwarten herauszufinden, ob ich das Haus nun nicht nur wie zuvor Baumhaus, sondern auch Vogelhaus nennen durfte. Ich durfte! Als ich mich der Hütte näherte, flog ein Goldspecht aus dem Loch in der Wand. Ich eilte die Treppe hinauf, nahm das lose Brett an der Rückseite der Nisthöhle weg und spähte hinein. Zu meiner großen Freude bettete sich auf die Sägespäne und Hackschnitze ein Gelege aus sieben perlweißen Eiern.

Normalerweise brauchen Goldspechte rund zwei Wochen, um sich ihr Nest auszuhöhlen, wobei der Löwenanteil dieser Arbeit dem Männchen zufällt. Das Weibchen allerdings bestimmt, wann es die Eier legt und wie viele. Anscheinend erfolgt die Eiablage jedoch nicht immer innerhalb eines festgelegten Zeitraums nach Beginn des Nestbaus, denn dieses Paar hatte sich in nur drei Tagen eine passende Nisthöhle gezimmert und dann gleich mit dem Legen der Eier begonnen. Dass die physiologischen Veränderungen, die für die Eiproduktion und das Legen notwendig sind, in

Gang gesetzt werden, scheint also eher mit dem Timing der Nisthöhlenverfügbarkeit zusammenzuhängen. Mit anderen Worten: Ist die Höhle fertig – was erst nach zwei Wochen oder eben schon nach drei Tagen der Fall sein kann –, können auch die Eier gelegt werden.

Meine Goldspechte hörten nach sieben Eiern auf, eine normale Gelegegröße. Die Art kann tatsächlich jedoch noch mehr Eier produzieren. Wie Hühner legen auch Goldspechte keine festgelegte Anzahl von Eiern – entfernt man ein Ei aus dem Gelege und lässt noch mindestens zwei darin, ersetzt das Weibchen das Ei in der Regel, vorausgesetzt, es hat genug Nahrung. Es ist ein Fall bekannt, in dem ein Goldspechtweibchen weiter Eier legte, bis es insgesamt einundsiebzig waren; das Weibchen war offenbar der Meinung, es hätte nur etwa fünf Eier gelegt und damit noch kein vollständiges Gelege zusammen.

Für mich war die Zeit der Bebrütung ausgesprochen ruhig und friedvoll. Nachts war es mir ein Trost zu wissen, dass nur rund drei Meter von mir entfernt ein Goldspechtweibchen vor den Launen des Wetters geschützt auf sieben Eiern saß. In den Nächten, in denen das Prasseln des Regens lauter und lauter wurde und sich schließlich zu einem dröhnenden Rauschen steigerte, war mir beim Gedanken daran, dass wir beide sicher und im Trockenen waren, mehr als wohl.

Eines frühen Morgens, nachdem der Regen endlich aufgehört hatte, drang ein leises Rascheln aus der Spechthöhle zu mir, dann einige spröde Kratzgeräusche und schließlich ein Flattern. Irgendetwas passierte da! Ich legte mein Ohr an die Wand und lauschte; manchmal schien es mir, als hörte ich auch ein schwaches Wispern und piepsend-zirpende Stimmen.

Bei Tagesanbruch sah ich ins Nest und erblickte ein Häufchen winziger nackter, rosafarbener Körper inmitten zerbrochener Eierschalen. Die Vogelbabys machten kratzig-schnurrende Geräusche, außer einem, das ein schrilles Piepsen von sich gab. Diese Geräusche waren die eigenartigsten und bizarrsten, die ich je vernommen habe. Müsste ich sie näher beschreiben, würde ich sagen: Genau wie die Geräusche, die man von einem Baby-Pterodactylus erwartet, nur viel niedlicher. Im Übrigen waren auch die kleinen rosafarbenen Körper mit den winzigen Köpfen auf langen, schlangenähnlichen Hälsen Reptilien verblüffend ähnlich.

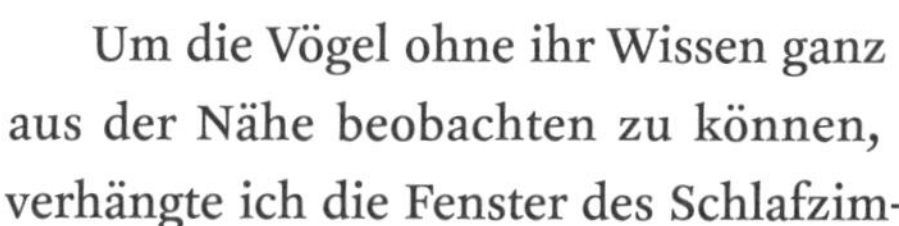

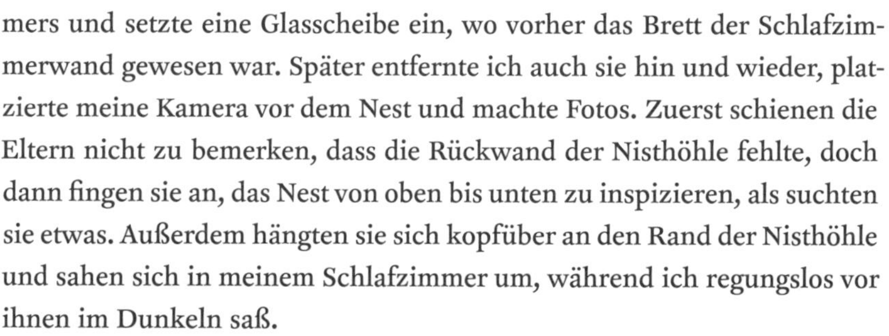

Baby-Goldspechte vor und nach Beginn der Gefiederentwicklung.

Um die Vögel ohne ihr Wissen ganz aus der Nähe beobachten zu können, verhängte ich die Fenster des Schlafzimmers und setzte eine Glasscheibe ein, wo vorher das Brett der Schlafzimmerwand gewesen war. Später entfernte ich auch sie hin und wieder, platzierte meine Kamera vor dem Nest und machte Fotos. Zuerst schienen die Eltern nicht zu bemerken, dass die Rückwand der Nisthöhle fehlte, doch dann fingen sie an, das Nest von oben bis unten zu inspizieren, als suchten sie etwas. Außerdem hängten sie sich kopfüber an den Rand der Nisthöhle und sahen sich in meinem Schlafzimmer um, während ich regungslos vor ihnen im Dunkeln saß.

Drei Tage später waren die Küken deutlich gewachsen, aber immer noch von leeren Eierschalen umgeben. Die meisten Elternvögel entfernen diese, sobald oder sogar bevor alle Küken geschlüpft sind. Diese Strategie hat sich zur Fressfeindabwehr bewährt, denn selbst bei außen gut mit Pigmenten getarnten Eiern ist die Innenseite noch immer weiß und somit auffällig genug, um im Nest oder in seiner näheren Umgebung Beutegreifer anzulocken. In einer solch tiefen Nisthöhle allerdings herrscht wenig Bedarf an Tarnung, und so eilt es auch nicht, die Beweise für die Anwesenheit von Schlüpflingen zu beseitigen. Hier werden die Eierschalen ignoriert, im Laufe der Zeit aufgefressen oder niedergetrampelt.

In den beiden Nächten nach dem Schlüpfen – am 3. und 4. Juli – gaben die Küken ununterbrochen ansteigende, klagende Rufe, wahrscheinlich Hunger- beziehungsweise Bettelrufe, von sich, die mich an eine Herde meckernder Ziegen erinnerten. Dieses Geräusch war weniger tröstlich, und so verstopfte ich mir die Ohren, um es auszublenden. Ich wusste nicht, ob auch ein Elternvogel im Nest war, und ich wagte es noch nicht, nachts hineinzusehen, um es herauszufinden, denn das hätte einen eventuell anwesenden Altspecht mit Sicherheit erschreckt. Noch waren die Augen der Schlüpflinge von einer dünnen Haut verschlossen, doch hätten sie auf jede noch so kleine Erschütterung reagiert, mir ihre dürren Hälse entgegengereckt und um Futter gebettelt. In der Nacht vom 4. Juli schließlich, als mit ziemlicher Sicherheit keiner der Elternvögel anwesend war, sah ich dann doch einige Male ins Nest; es war tatsächlich kein Altspecht da, aber es herrschte derselbe Radau wie immer.

Am 5. Juli begannen die Jungen, die Augen zu öffnen. Sie meckerten nachts immer noch hin und wieder, jetzt allerdings viel leiser, und der piepsende Chor war von langen Stilleperioden unterbrochen. Einige Tage später waren sie die ganze Nacht lang still. Auch das Hygieneverhalten der Eltern am Nest änderte sich. Zuerst hatten sie die Ausscheidungen des Nachwuchses aufgepickt und geschluckt. Am fünften Tag hatten diese die Größe von Haselnüssen angenommen und waren fein säuberlich zu membranumhüllten Paketen verpackt. Diese Kotpakete wurden von den Altvögeln nun nicht mehr geschluckt, sondern aus dem Nest transportiert.

Auch als sie die Augen noch nicht geöffnet hatten, war der Hals der Babys noch immer geradezu grotesk lang und schlangenartig, und in dem Augenblick, in dem ein Elternvogel den Nisthöhleneingang verdunkelte, schossen die Köpfe der Jungen in die Höhe und der Chor der Bettelrufe begann von Neuem. Die Nahrungsübergabe erfolgte dergestalt, in dem die Altspechte den Schnabel in den aufgerissenen Schlund der Jungspechte steckten und die Nahrung in einer vibrierenden, presslufthammerähnlichen Bewegung des Kopfes wieder hochwürgten. Dieser Transfer dauerte rund zwei Sekunden und fand bei jedem Altvogelbesuch ein Dutzend Mal oder öfter statt, wobei immer mehrere Küken nacheinander gefüttert wurden. Im Gedränge der hin und her schwingenden Köpfe konnte ich jedoch beim besten Willen nicht erkennen, wie viel Nahrung verabreicht oder wie oft jedes Küken gefüttert wurde.

Zudem machte die »Schnabel-zu-Schlund«-Füttermethode es mir nahezu unmöglich zu erkennen, mit welcher Nahrung die Elternvögel ihre

Oben: Ein adulter Goldspecht sieht aus dem Nest in der Wand meiner Blockhütte nach draußen.

Unten links: Ein Goldspecht füttert einen fast ausgewachsenen Jungvogel.

Unten rechts: Ein Goldspecht sucht zwischen den Jungen nach Kottröpfchen.

Jungen versorgten. Manchmal allerdings ging bei der Futterübergabe auch etwas daneben, das weiß und reisähnlich aussah. Um herauszufinden, was genau das war, bediente ich mich einer der Standardmethoden, mit denen Ornithologen die Nahrung von Vögeln analysieren. Ich hob die Küken aus dem Nest, setzte sie in einen dunklen Karton, wickelte lose ein Stück Pfeifenreiniger um den Hals zweier Küken und setzte anschließend alle wieder ins Nest zurück. Die Pfeifenreinigerringe sorgten dafür, dass die Küken das Futter nicht sofort schlucken konnten, sondern erst noch eine Weile im Schnabel behielten. So nahm ich eines dieser Küken nur Sekunden nach der nächsten Fütterung erneut aus dem Nest und untersuchte den Nahrungsbolus: Er enthielt einhundertvierzig Ameisenlarven, neunundzwanzig Ameisenpuppen und siebenundvierzig adulte Ameisen.

Vielleicht war diese Probe numerisch repräsentativ für alle Nahrungslieferungen, mit denen die Altvögel die einzelnen Jungen versorgten, vielleicht aber auch nicht; ebenso wenig konnte ich sagen, ob die zweiunddreißig Fütterbesuche, die die Eltern an einem einzigen Tag absolvierten, nun den repräsentativen Durchschnitt darstellten oder nicht. Benutzt man diese Zahlen jedoch als Grundlage einer ungefähren Schätzung, kommt man bei den zweiundzwanzig Tagen, die die Küken im Nest verbrachten, insgesamt auf fast siebenhundert Fütterbesuche, also einhundert Besuche pro Küken, und rund einundzwanzigtausendsechshundert Ameisen, die ein Nestling zum Flüggewerden braucht.

Angesichts der riesigen Anzahl an winzigen Larven und Puppen sollten die Goldspechteltern das Futter bei einem einzelnen Besuch eigentlich auf mehrere Küken verteilen können. Bei den meisten insektenfressenden Vögeln besteht eine Mahlzeit jedoch aus einem einzigen großen Stück, und das Küken, das sie erhalten hat, wird anschließend dazu ermuntert, einen Kotballen abzusetzen, den der Altvogel auffängt und umgehend entsorgt. Wird das Futter allerdings verteilt, ist es schwierig, Nahrungsaufnahme und Kotabgabe zu synchronisieren, was die Nesthygiene erschwert. Wie kann der Altvogel vorhersagen, von welchem Küken er den Kotballen auffangen und entsorgen muss, wenn er bei einem Besuch mehrere Junge füttert? Ein Teil der Antwort auf diese Frage wurde mir bald klar: Die Jungen hielten es ein, und die Eltern *bestimmten,* welches Küken den

Kotballen absetzte und wann. Dafür berührten sie das Schwanzende des Jungtiers sanft mit dem Schnabel. Offenbar ist die Berührung das Signal für das Küken, Kot abzusetzen, wohingegen bei den meisten anderen Vögeln die Entleerungsreaktion am Kopf ausgelöst wird: durch den Kontakt mit der eintreffenden Nahrung. Auf diese Weise können sich die Eltern um das hintere Ende kümmern, sobald sie mit dem vorderen Ende fertig sind. Hin und wieder suchten die Goldspechteltern aber auch zwischen und unter den Küken nach bereits abgesetztem Kot, bevor sie ans Einflugloch zurückhüpften.

Während meiner täglichen Beobachtungen Anfang Juli aus nächster Nähe vom gemütlichen Sessel vor dem Nest aus konnte ich feststellen, dass das Goldspechtmännchen in der Regel bis zu fünf verschiedene Mäuler stopfte, den Boden des Nests nach Exkrementen absuchte und anschließend sofort wieder wegflog. Im Gegensatz dazu fütterte das Weibchen bei einem Besuch zehn oder mehr Junge und hielt sich dann noch bis zu zwanzig Minuten lang am Nesteingang auf; in dieser Zeit hüpfte es gelegentlich wieder ins Nest zurück, inspizierte es von oben bis unten, hockte sich neben die Jungen, inspizierte auch diese und kehrte schließlich wieder zum Einflugloch zurück, wo es erneut ausharrte. Nachdem es dieses Prozedere einige Male wiederholt hatte, blieb das Spechtweibchen noch eine Weile in unmittelbarer Nähe des Nests, bevor es ganz wegflog. Im Laufe einer zweieinhalbstündigen Beobachtungsspanne verbrachte das Weibchen dreiundsiebzig Minuten am Nest, das Männchen nur achtzehn. Sie fütterte einundvierzig Mal, er lediglich vierzehn Mal. Sie absolvierte fünf Fütterungsbesuche, er drei. Für die Küken bedeutete das durchschnittlich drei Fütterungen pro Nestling und Stunde. Während einer anderen, halbstündigen Beobachtungssitzung zählte ich bei ihm neunzehn Fütterungsbesuche und bei ihr nur dreizehn.

Man könnte sagen, dass das Männchen härter als seine Partnerin daran gearbeitet hatte, überhaupt ein Nest zur Verfügung zu stellen, dafür absolvierte das Weibchen pro Besuch im Nest in der Regel aber auch dreimal so viele Fütterungen wie der männliche Specht. Obwohl das Männchen öfter Ausflüge machte, stand es bei den tatsächlichen Fütterungen sechsundsiebzig zu vierundvierzig für das Weibchen. Sie schien sorgfältig auszuwählen, welches Küken sie füttern wollte, und fütterte erst das eine, bevor sie sich absichtlich einem anderen zuwandte. Im Vergleich dazu übergab das Männchen das Futter an jeden beliebigen Schlund, der sich ihm entgegenreckte. Beim Säubern des Nests schien hingegen eine interessante Form der ausgewogenen Arbeitsteilung vorzuherrschen: Er suchte immer auf der linken Seite des Nests nach Exkrementen, sie in der Mitte und auf der rechten Seite. Indem sie bei jedem Nestbesuch das Füttern mit dem Entsorgen des Kots verbanden, waren die Eltern bei dieser Arbeitsteilung beide etwa gleich effektiv.

Nach einer Weile lernte ich eines der Küken näher kennen. Um es besser von den anderen unterscheiden zu können, werde ich hier das maskuline Pronomen verwenden und »ihn« Pipsqueak nennen. Er war das kleinste und schrillste der sieben Küken und erst daumengroß gewesen, als das größte bereits das Innere meiner zur Schale geformten Hand ausgefüllt hatte. Pipsqueak schien nie mit dem Rufen aufzuhören – er tat es ziemlich genau einmal pro Sekunde –, wenngleich die noch nackten und blinden Jungen normalerweise nur dann den Schnabel aufsperren und lautstark um Futter betteln, wenn ein Elternvogel am Eingang des Nests erscheint.

Mit jedem Ruf hob sich Pipsqueaks Rücken, und jedes Mal wenn sich ein Elternteil dem Einflugloch des Nests näherte, strengte sich Pipsqueak von allen Küken am meisten an, sich auf seinen streichholzdünnen Beinchen so weit wie nur irgend möglich nach oben zu recken, die noch nicht ausgebildeten Flügel nach hinten aufgestellt, sodass sie den Eindruck nach oben gehaltener Arme mit Ellbogen erweckten, deren kleine Hände keine Finger besaßen. In dem mühevollen Versuch, sich aufrecht und den Kopf am ausgestreckten Hals oben zu halten, schwankte er bald hierhin, bald dorthin.

Am 12. Juli, sechs Tage vor dem Flüggewerden, begannen die größeren der Küken, den Eingang der Nisthöhle zu blockieren und die Altvögel abzufangen, wenn diese zum Füttern vorbeikamen. Zu diesem Zeitpunkt hörten die Eltern auf, das Nest zu betreten. Da das größte Küken den Eingang zum Nest nun völlig beherrschte, bekam es auch den größten Teil des Futters ab – und Pipsqueak fiel es zunehmend schwer, überhaupt an Futter zu kommen.

Immer mehr ähnelte das Innere des Nests einem Irrenhaus. Die Küken kämpften scheinbar auf Leben und Tod um Platz und Futter. Bei diesen Kämpfen ist der Größenunterschied normalerweise entscheidend, doch verfügten die kleineren Goldspechte über etwas, das diesen Nachteil ausglich: einen ausgesprochen scharfen Schnabel. So besetzte zwar das größte Küken den Eingang des Nests, doch besaß Pipsqueak dafür eine durchaus brauchbare Waffe, die er auch einzusetzen wusste. Ich sah mit eigenen Augen, wie er so lange auf einen größeren Geschwistervogel einpickte, bis dieser den Nesteingang freiwillig räumte; anschließend schnappte sich Pipsqueak beide Futterrationen seines Goldspechtpapas. Auch das schiere Wollen diente in dem ungleichen Geschwisterkampf als ausgleichender Faktor: Die hungrigsten Jungvögel waren schlicht am entschlossensten, am Nesteingang zu bleiben, obwohl sie auf diese Weise die meisten Schnabelhiebe der anderen erdulden mussten.

Am 15. Juli waren die Jungen befiedert, und fast immer ließ ein Jungvogel am Einflugloch keckernde *kjeck*-Rufe ertönen, die der Elternvogel in unmittelbarer Nähe scheinbar gleichgültig zu vernehmen schien. Manchmal hielt sich der Altvogel auch in einem nahe gelegenen Baum auf, wo er minutenlang sang. Damit, so vermutete ich, versuchten die Altspechte, den Nachwuchs aus der Nisthöhle zu locken, das Flüggewerden stand demnach unmittelbar bevor. Das wollte ich auf keinen Fall verpassen, und so stand ich in den darauffolgenden Tagen immer sehr früh auf.

17. Juli. Bisher waren die Elternvögel immer gegen halb sechs Uhr morgens am Eingang der Nisthöhle erschienen. Auch an diesem Morgen saß zu dieser Zeit wie üblich ein Jungvogel am Einflugloch und rief ununterbrochen drei Stunden lang – doch kein Elternvogel ließ sich blicken. Um halb neun kam schließlich doch einer herangeflogen, und aus den Augenwinkeln sah ich, dass plötzlich *zwei* Goldspechte wieder verschwanden. Es war alles so schnell gegangen, dass ich Einzelheiten verpasst hatte, doch hatte das Paar möglicherweise aus einem gerade flügge gewordenen Jung- und einem Altvogel bestanden. Um sicherzugehen, sah ich ins Nest. Und tatsächlich: Darin saßen nur noch sechs junge Goldspechte. Einer hatte das Nest also verlassen, und für den ersten Versuch war der Flug alles andere als schlecht

gewesen! Der Jungvogel war sogar so gut geflogen, dass ich ihn beinahe mit einem Altspecht verwechselt hatte.

Bis der zweite das Nest verließ, musste ich auf meinem Posten in der Blockhütte allerdings lange ausharren. Zuerst zeigte er mir zwei Stunden lang nur sein hinteres Ende, während er am Nesteingang hockte. Dann kam ein Elternvogel ans Einflugloch; statt dem Nachwuchs aber Nahrung anzubieten, flog er einfach wieder davon. Dieser beschwerte sich mit einem noch lauteren *Kjeck* und flog dann stracks hinterher.

Die restlichen Jungvögel hockten größtenteils beinahe passiv am Boden des Nests. Zweimal jedoch sprangen sie plötzlich auf, um sogleich vom neuen Obersten in der Hackordnung brutal zurückgedrängt zu werden, ein wahres Paradebeispiel aufgestauter Wut und Energie. Nun war häufig zu beobachten, dass der jetzt dominante Vogel erst den einen, dann den anderen und schließlich beide Flügel auf einmal ausbreitete. Er lehnte sich weit aus der Nisthöhle, zog sich wieder hinein und lehnte sich erneut heraus, und das mehrere Male hintereinander. Hin und wieder rupfte er sich energisch selbst Brust- und Bauchfedern aus, als sei er frustriert, dass er nicht mehr gefüttert wurde, und dennoch unfähig, den Sprung aus dem Irrenhaus hinter sich zu bringen.

Als um elf Uhr neunundzwanzig endlich ein Altspecht am Eingang zur Nisthöhle landete, sprang ein anderer Jungvogel auf und quetschte sich in dem Augenblick, in dem der dominante Vogel ihn nicht weghacken konnte, weil er mit seinem Schnabel gerade eine Ladung Ameisen empfing, neben das Geschwister ins Einflugloch. Der Elternvogel flog wieder weg, was den größeren und stärkeren Vielfraß am Nesteingang dazu veranlasste, erneut *kjeck*-Rufe von sich zu geben, ganze acht Minuten lang, während der Altspecht auf dem kahlen Ast eines nahe gelegenen Ahornbaums in Sichtweite blieb. Und so ging die irre Balgerei in der Nisthöhle weiter.

Um dreizehn Uhr achtzehn gab ich meinen Nestbeobachtungsposten in der Blockhütte auf und ging nach draußen, um die Geschehnisse für weitere vier Stunden von dort aus zu verfolgen. Zu diesem Zeitpunkt waren die Jungvögel nur fünfmal an diesem Tag gefüttert worden. In den letzten vier Stunden tauchte das Weibchen wiederum fünfmal mit Futter auf, das Männchen dreimal. Um achtzehn Uhr fünfzig stellte das Weibchen den Rekord von zweiundzwanzig Futterübergaben an mehrere der Jungen auf. Es sah so aus, als hätten die Altvögel schließlich doch eingelenkt und das aufgezwungene Fasten beendet – möglicherweise um den Nachwuchs nachts im Nest zu halten. Ein Streifenkauz war ganz in der Nähe im Wald erschienen, vielleicht hatte ihn der Lärm angelockt. Einer der Altspechte flog zu ihm und *kjeckte*, bevor auch der andere auf den Fressfeind hasste und versuchte, ihn so von der allzu leichten Beute, wie Jungvögel sie abgeben, abzulenken.

Nachts wurde ich von anhaltendem Tumult in der Nisthöhle aus dem Tiefschlaf gerissen – allerdings keinem stimmlichen Tumult, sondern lediglich körperlichem. Ich vermutete, dass die restlichen Jungvögel an diesem Morgen, dem Morgen des 18. Juli, flügge werden würden. Der erste Elternvogel, der sich in der Nähe des Nests zeigte, war das Männchen. Wie üblich brachte es Futter für zwei der Jungen, und ebenfalls wie üblich übergab das Weibchen seinerseits bei einem Besuch sechs- bis siebenmal Nahrung. Zudem ließen beide während des Flugs Triller- sowie einige *kekkekkek*-Rufe verlauten. Um neun Uhr zweiundvierzig wurde auch das dritte Junge flügge.

Dieses Mal ähnelte das Verlassen des Nests einem vorherigen Versuch, den das Junge eine Stunde zuvor unternommen hatte. Und dieses Mal tauschten sich Jung- und Altvögel dabei sieben Minuten lang stimmlich aus. Obwohl ein Junges beinahe aus der Nisthöhle fiel, wagte es den Sprung trotzdem nicht. Anscheinend versuchten die Eltern, den Nachwuchs aktiv zum Verlassen des Nests zu ermuntern, doch wie, um alles in der Welt, sollte dieser wissen, dass und wann er fliegen konnte, hatte er doch noch nie in seinem Leben einen Flügelschlag getan? So gesehen überraschte mich weder die Widerwilligkeit der Jungen noch der Versuch der Alten, ihnen über die Zögerlichkeit hinwegzuhelfen.

Da ich unbedingt alle Jungvögel flügge werden sehen wollte, um mehr über das Phänomen herauszufinden, rührte ich mich den ganzen Tag lang nicht vom Fleck. Dabei konnte ich die beiden erwachsenen Spechte jedoch nicht auseinanderhalten, es sei denn, sie landeten nah am Nest und ich konnte erkennen, ob der betreffende Vogel den schwarzen Bartstreif besaß, der das adulte Goldspechtmännchen kennzeichnet (die Jungen weisen den Bartstreif ebenfalls alle auf). Das Männchen kam elf Mal ans Nest, das Weibchen zehn. Und wie jedes Mal zuvor übergab das Männchen bei seinem Besuch nur zwei Mal Futter, während das Weibchen es auf fünf bis fünfzehn Nahrungsübergaben brachte. Beide verfütterten noch immer in erster Linie Ameisenpuppen und -larven; nun ging allerdings häufiger etwas daneben, weil sich die Eltern die Schwerkraft nicht mehr zunutze machen konnten: Statt nach unten mussten sie die Nahrung jetzt nach oben wieder hochwürgen. Doch darüber freute sich eine Kurzschwanzspitzmaus am Boden unter ihnen.

In zwei Tagen waren nur drei der sieben Jungen flügge geworden. Ich nahm an, dass die anderen es am dritten Tag, am 19. Juli, schaffen würden, was sie auch taten – nicht ohne einige interessante Überraschungen allerdings.

Der vierte Jungvogel wurde um sechs Uhr siebenundvierzig flügge. Das Männchen, das am Rande meiner Lichtung auf einer Gewöhnlichen Robinie gesessen hatte, flog zum Nisthöhleneingang, wieder zurück zur Robinie und noch einmal zum Einflugloch. Da plötzlich folgte ihm ein Jungvogel in dieselbe Richtung, in die auch seine Geschwister verschwunden waren, in die Ahornwälder.

Der nächste Jungspecht wurde eine Stunde später flügge. Wie vorher auch hörte ich aus dem Wald, in den der Elternvogel mit dem Jungen geflogen war, zahlreiche *kjeck*-Rufe. Und nach einer langen Stille verließ um acht Minuten nach neun der sechste Jungspecht plötzlich das Nest.

Nun war nur noch Pipsqueak übrig, der sich mit dem Flüggewerden außerordentlich schwertat. Zwanzig Minuten nachdem das letzte Geschwister ihn verlassen hatte, erschien er am Eingang der Nisthöhle. Im Gegensatz zu den anderen gab er jedoch keinen Laut von sich und wagte sich kaum aus dem Nest hervor. Über eine Stunde lang ließ sich keiner der Elternvögel blicken. Wussten sie, dass noch ein Junges im Nest war oder wo sich die anderen sechs aufhielten? Würden sie sich an das letzte, nun stille Junge erinnern?

Pipsqueak ignorierte einen Saftlecker, der wiederholt herangeflogen kam, um Ameisen vom Stamm der Birke vor der Nisthöhle zu picken. Wie seine Geschwister ignorierte er auch Wanderdrosseln und eine Carolina-

oder Trauertaube, die vorbeiflog. Er wusste vielleicht nicht, um welche Vögel es sich dabei handelte, aber er war sich sicher, dass es definitiv keine Goldspechte waren.

Der nächste Goldspecht erschien erst wieder um elf Uhr zehn. Es war das Männchen, das jedoch nicht gleich zur Nisthöhle flog. Stattdessen saß es sechs Minuten lang in der Robinie. Pipsqueak hatte den Elternvogel sofort gesehen und die ganze Zeit über laut *Kjeck* gerufen. Das Männchen antwortete mit einigen leisen Gegenrufen, flog davon und kam zehn Minuten später mit trillernden Flugrufen zurück. Darauf meldete sich Pipsqueak erneut mit mehreren *Kjecks* zu Wort, die jedoch weder laut noch anhaltend waren. Voller Sorge wartete ich darauf, was als Nächstes geschehen würde.

Pipsqueak blieb bis fünfzehn Uhr fünfzig ohne Futter im Nest, bis schließlich das Weibchen am Nisthöhleneingang landete und ihn mit Nahrung versorgte. Beide Eltern kehrten um sechzehn Uhr sechsundzwanzig noch einmal zurück, wobei ein Elternvogel zwar zum Nest flog, es aber ohne Nahrungsübergabe umgehend wieder verließ. Dieses Mal wagte Pipsqueak den Sprung: Er hüpfte aus der Nisthöhle, flatterte jedoch nur schwach, glitt zu Boden und landete in einem undurchdringlichen Dickicht aus Mädesüß, Weidenröschen und hohem Gras. Einer der Elternvögel kreiste einmal über ihm, doch würde sich kein Goldspecht in ein solches Gewirr stürzen. Als er wieder wegflog, verstummte Pipsqueak. Das schien das Ende für ihn zu sein, denn nun würde er den Altvogel weder sehen noch mit ihm kommunizieren können. Anhaltendes Rufen außerhalb der Sicherheit des Nests würde Greifvögel und Eulen anlocken; rief er andererseits aber nicht, würde er verhungern. Also ging ich hinaus, um ihn zu suchen, hob ihn aus dem Dickicht und trug ihn zur Blockhütte. Dort setzte ich ihn in einen Drahtkäfig, den ich unterhalb der Nisthöhle anbrachte. So konnte er sehen und gesehen werden und durch die Käfigstäbe auch Nahrung von den Eltern bekommen. Diese ließen sich allerdings nicht blicken; als ich nachts noch einmal nach Pipsqueak sah, lag er auf dem Käfigboden und konnte sich anscheinend nicht mehr bewegen.

Gegen vier Uhr dreißig wachte ich auf und fragte mich, ob Pipsqueaks Eltern wohl nach ihm sehen würden. Er war zu meiner Überraschung noch am Leben. Möglicherweise war er in einen torporähnlichen Zustand verfallen, eine Art Winterstarre, in der manche Vögel die Körpertemperatur reduzieren, um die begrenzten Energieressourcen zu schonen. Plötzlich, um sieben Uhr morgens, stieß der vorher so stille Jungvogel auf einmal wieder laute *Kjeck*-Rufe aus und hüpfte wiederholt gegen die nach Norden weisende Käfigwand. Ich sah in dieser Richtung nichts, hörte eine Minute später aber das *Kekkekkek* der Goldspechte. Einer der Elternvögel kam herangeflogen und tauschte sich stimmlich mit Pipsqueak aus, der nun beinahe außer sich und zu neuem Leben erwacht war. Würde er jetzt fliegen und dem Altvogel folgen können? Einen Versuch war es zumindest wert. Ich warf ihn in die Luft.

Traurigerweise flatterte er wieder nur schwach und glitt noch steiler als am Tag zuvor ins Gras am Boden. Noch einmal hob ich ihn auf und trug ihn anschließend in den Wald, aus dem der Altvogel mehrmals gerufen hatte. Als ich ihn dieses Mal in die Luft warf, landete er wenigstens an einer Stelle, an der er gesehen werden und vielleicht sogar an Höhe gewinnen konnte, wenn er in einem Baum von Ast zu Ast hüpfte.

Zuerst herrschte lange Stille. Dann jedoch nahm Pipsqueak seine *kjeck*-Rufe wieder auf – und bekam dieses Mal auch eine Antwort! Ich ließ ihn erst einmal allein. Als ich eine Stunde später wieder nach ihm sah, war keine Spur von einem Goldspecht mehr zu finden; nur zwei Wanderdrosseln waren zu sehen, eine ausgewachsene und eine vor Kurzem flügge gewordene. Durch das grüne Blattwerk des Ahornbaums fielen Sonnenstrahlen auf das braune, modrige Laub, das den Waldboden bedeckte. Kein Laut war zu hören, bis der langsame, flüssige Gesang einer Einsiedlerdrossel erklang. Ich kehrte zur Blockhütte zurück, um das nun leere Nest näher zu untersuchen.

Ich fand eine mehrere Zentimeter dicke, breiige schwarze Schmutzschicht darin, verrottende Exkremente, die nach Ammoniak stanken und von Maden nur so wimmelten. Sorgfältig säuberte ich das Nest und hoffte auf einen Wiederbezug im folgenden Frühjahr.

Den ersten Goldspecht des Frühlings, der im Jahr darauf in meine Breiten zurückkehrte, hörte ich am 2. Mai. Ich hastete die Treppe hinauf und nahm das Holzbrett, das die Nisthöhle von meinem Schlafzimmer trennte, von der Wand. Es war alles in Ordnung, und so setzte ich das Brett wieder ein und ging nach unten. Ein paar Sekunden später hörte ich ein Klopfen, das verdächtig nach einem Goldspecht klang. Und tatsächlich flog, als ich nach draußen kam, ein Goldspecht gerade vom Nisthöhleneingang fort. Trotzdem blieb das Nest unbewohnt.

Stattdessen konnte ich bald darauf einen Goldspecht dabei beobachten, wie er aus einem morschen Rot-Ahorn rund zweihundert Meter von meiner Blockhütte entfernt eine Nisthöhle heraushämmerte. Auch dort wurden jedoch keine Jungen aufgezogen – in diesem Frühjahr waren die meisten Vogelnester, die ich inspizierte, aufgrund der nicht enden wollenden kalten Regenfälle leer. Im darauffolgenden Winter fand ich in der Höhle in der Wand meiner Blockhütte allerdings einige angeknabberte Überreste von Rot-Ahorn-Früchten sowie eine schwarze und mehrere kleine weiße Federn. Offenbar war die Höhle von einer Weißfußmaus vorübergehend als Nahrungslager und von einem Carolinakleiber in kalten Nächten als Schlafversteck genutzt worden. In der Nähe der Lichtung hatte sich den ganzen Sommer lang bis in den Spätherbst hinein ein Goldspecht aufgehalten und gemeinsam mit den Wanderdrosseln an den reifenden Virginischen Traubenkirschen gütlich getan – und ein paar Mal war ich mir nicht sicher gewesen, ob ich bei Einbruch der Nacht nicht ein leises kratzendes Geräusch am Eingang der Nisthöhle gehört hatte.

2

Das Krähenquintett

Ein Brieffreund von mir, der für seine Vogelschnitzereien berühmte Künstler Lance Lichtensteiger, war so entzückt von seinem Haustier – einer Krähe –, dass er sie mir als »das liebenswerteste Tier – das hätte ich mir niemals vorstellen können« beschrieb. Er hatte die Krähe zu sich genommen, nachdem sie als Jungvogel aus dem Nest gefallen war, während ein Eckschwanzsperber ihre Geschwister angriff. Zu dieser Zeit hatte Lance schon einen Graupapagei, der ein Vokabular von mehr als fünfundsiebzig Wörtern besaß und die erste Strophe von »Yankee Doodle Dandy« singen konnte. Die Krähe, so erzählte Lance mir, »lernt in Minuten, wofür der Papagei Jahre gebraucht hat«. Einmal stapelte sie 25-Cent-Stücke aufeinander und versteckte den Stapel anschließend in einer Sofaritze. Und wenn Lance sein Ohr auf den Boden legte, »als versuchte ich, dort etwas zu hören, kommt sie zu mir und tut dasselbe – sie begreift, was ich da tue«.

Auch ich hatte als Kind zu unterschiedlichen Zeiten drei verschiedene Krähen als Haustiere gehabt – alle handaufgezogen, aber frei. Ich hatte sie als Jungvögel aus Nestern im Wald geholt, die ich durch beharrliche Beobachtung der Elternkrähen gefunden und für die ich meist sehr hohe Bäume hatte hinaufklettern müssen. Mit jeder einzelnen dieser Krähen beschäftigte ich mich täglich stundenlang, was bei der Vogelaufzucht nicht nur notwendig, sondern auch das eigentlich Reizvolle an der Sache ist. Wir wurden Freunde. Sie folgten mir, wie sie einander folgen, und waren sie in der Nähe im Alleinflug unterwegs, rief ich sie manchmal, woraufhin sie hinabflogen und auf meiner Schulter landeten. Hin und wieder wurde gesagt, die Vögel seien auf mich geprägt, doch das bestritt ich. Sie hatten unter den gegebenen Umständen die Wahl – wir waren »nur« Freunde. Wenn ich groß bin, so träumte ich damals, will ich mit meiner Krähe in einer Hütte im Wald leben. Und auch heute noch wären Krähen als Hausgenossen und Gefährten meine erste Wahl. Ich wünschte, jedes Kind könnte so privilegiert sein, wie ich es meinerzeit gewesen bin.

Das ist noch nicht einmal so ungeheuer weit hergeholt. Denn inzwischen hat sich unsere Einstellung Rabenvögeln gegenüber verändert. Mittlerweile sind Krähen aus dem Stadtbild nicht mehr wegzudenken, und es wurde schon von Individuen berichtet, die als eine Art Dankeschön für Menschen, die sie fütterten, Gegenstände hinterließen. So erhielt beispielsweise die achtjährige Gabi Mann regelmäßig kleine Schätze wie Knöpfe, Schmuckstücke und bunte Glasscherben. Auf ihre im Internet veröffentlichte Geschichte meldeten sich zahlreiche Leser mit Details ganz ähnlicher eigener Erlebnisse und Kommentaren wie: »Wir lieben unsere Krähen«, »Ich habe mich in dieses wunderschöne und intelligente Geschöpf verguckt« und »Was für eine wunderbare Verbindung«.

Bizarrerweise ist es illegal, eine lebende Krähe bei sich aufzunehmen, aber vollkommen in Ordnung, tote aufzusammeln, nachdem man sie zum Zwecke einer Zielübung abgeschossen hat. Doch was bedeutet schon Legalität, wenn es gesetzlich erlaubt ist, eine Gans oder Ente zu quälen, indem man sie in einen engen Käfig sperrt, ihr einen Schlauch in den Hals stopft und sie zwangsfüttert – nur damit ihre Leber so fett wird, dass sich der Mensch Foie gras auf die Häppchen schmieren kann? Weil einige Krähenpopulationen zu den Zugvögeln gehören, findet der sogenannte *Migratory Bird Treaty Act of 1918* – ein Abkommen zum Schutz von Zugvögeln zwischen Kanada und den USA – bei ihnen Anwendung. Das Abkommen sieht allerdings auch vor, dass eine entsprechend geschützte Art »bei Bedarf« bejagt werden darf, vorausgesetzt, diese Bejagung wirkt sich nicht negativ auf die Gesamtpopulation aus. So sind beispielsweise Krähen vom Schutz des Abkommens ausgenommen, wenn sie dem »Vieh schaden«, weil sie Getreidekörner fressen, und insbesondere die Amerikanerkrähe, *Corvus brachyrhynchos,* gilt als ausgezeichnetes Ziel für Schießübungen. Ein Schonmaß gibt es für sie auch nicht. Früher durften Krähen nur zu bestimmten Zeiten bejagt werden, in einigen Staaten ab September. Doch in Maine, wo ich lebe, darf man die Vögel mittlerweile zu jeder beliebigen Zeit und in jeder beliebigen Anzahl schießen, außer am Sonntag. Im Gegensatz dazu gelten zu den Zugvögeln gehörende Spechte wie etwa der Goldspecht, soweit ich weiß, nicht als jagbares Wild, auch wenn sie ein Haus beschädigen. Was ich im Übrigen absolut fair und vernünftig finde.

In der Nacht vom 31. Januar 2012 stapfte ich durch rund dreißig Zentimeter hohen Neuschnee. Obwohl der Nordostwind durch den Wald peitschte, konnte ich einen Streifenkauz hören. Als ich wieder in meiner Hütte war, schichtete ich im Ofen Holz für ein Feuer auf, um mich vor dem Zubettgehen noch etwas aufzuwärmen. Am nächsten Morgen wurde ich wie üblich durch die krächzenden Rufe eines Rabenpaars geweckt, das seinen Schlafplatz in den nahe gelegenen Kiefern verließ, um seinem Tagesgeschäft nachzugehen. Ich ging den Hügel hinab, wo der Kadaver eines rehbraunen, totgeborenen Guernsey-Kalbs lag, den ich von einer Milchfarm mitgebracht hatte. Ich schleppte ihn in den Zucker-Ahorn-Hain etwa zweihundert Meter von meiner Blockhütte entfernt, und da er steinhart gefroren war, öffnete ich ihn mit einer Axt, sodass die Vögel von ihm fressen konnten.

Eine Stunde später landete ein Rabe im Wipfel einer Kiefer, rief einmal kurz und flog wieder davon. Am nächsten Abend erschien ein Rabenpaar am Kadaver des Kalbs, krächzte ebenfalls einmal kurz und flog dann wieder stumm seiner Wege. Sie waren an dem Fleisch offensichtlich nicht interessiert, zumindest nicht an diesem, denn später beobachtete ich, wie sie sich an den Überresten eines Rehs im dichten Unterholz des Walds gütlich taten. Ein paar Tage danach tauchten zu meiner Überraschung plötzlich fünf Amerikanerkrähen in der Nähe meiner Hütte auf. Als Kind hatte ich während der Winterzeit nie eine Krähe in diesem Teil Maines gesehen; das Krächzen der Neuankömmlinge im April war für uns immer der erste Vorbote des Frühlings gewesen. Sie hier mitten im Winter anzutreffen, empfand ich als etwas ganz Besonderes.

In süßen Erinnerungen an die zahmen Krähen schwelgend, die ich als Kind gehabt hatte, lauschte ich den Rufen des Quintetts, das es sich in den Spitzen der Kiefern am Rand meiner Lichtung gemütlich gemacht hatte. Nur wenige Augenblicke später landeten die Vögel auf dem Schnee in der Nähe des toten Kalbs. Im Gegensatz zu den Raben der Gegend, die mitunter tagelang abwarten, bevor sie einen Kadaver anrühren, spazierte meine Fünfergang, wie ich sie bald nannte, schnurstracks darauf zu und begann ohne zu zögern mit dem Fressen. Und wiederum im Gegensatz zu Raben, die zum Balgen über die Beute neigen, zeigten die Krähen keinerlei Anzeichen von Dominanz- oder Unterwerfungsgebaren.

Am 14. Februar entdeckte ich um den Kadaver herum dann doch noch Spuren von Raben und auch von einem Kojoten. Sie hatten das Kalb jedoch lediglich von allen Seiten begutachtet, angerührt hatten sie es nicht. Sie hatten es inspiziert und waren dann wieder verschwunden. Ich beseitigte die Spuren, damit ich im Schnee gegebenenfalls neue Aktivitäten erkennen konnte, die um den Kadaver herum stattfanden, sei es am Tag oder in der Nacht. Ebenfalls interessiert zeigte sich ein Rotschwanzbussard, der meine Fünfergang aufscheuchte, als er in einer nahe gelegenen Birke landete. Die Krähen flogen auf und attackierten ihn unter lautem Krächzen im Sturzflug. Nach zwei Minuten hatte der Bussard die Nase voll und flog wieder davon, wobei ihm die Krähen kurz nachjagten.

Noch einmal näherte sich der Greifvogel dem Kalbskadaver nicht, nur meine Fünfergang und ein anderes Krähenpaar statteten ihm weiter regelmäßig Besuche ab; gleichzeitig erschienen die beiden Krähengruppen allerdings nicht. Offenkundig hatten sich die fünf nicht nur zufällig an einer Nahrungsquelle zusammengefunden. Sie waren zweifelsohne ein Team, und ihre Gefährtenschaft und Solidarität wichen so deutlich von dem ab, was ich von Raben her kannte, dass ich mir vornahm, die Fünfergang näher zu studieren, um herauszufinden, was eine Krähe von einem Raben unterscheidet.

Eine Frage, die Ornithologen häufig gestellt wird, lautet: »Was ist der Unterschied zwischen einem Raben und einer Krähe?« Meine etwas knappe Antwort auf diese Frage bezieht sich auf die Taxonomie, die botanische oder in diesem Fall zoologische Klassifizierung, und lautet dann immer, dass Raben eine Krähenart sind. Meist entsteht die Verwirrung aufgrund regionaler Nomenklaturen. Alle Krähen, also auch Raben, gehören zu den Rabenvögeln und damit der Gattung *Corvus* an, die von einem gemeinsamen Vorfahren aus Australien abstammt. Über Nordamerika und Europa beispielsweise verteilen sich zusammen rund ein Dutzend Spezies der Gattung *Corvus*. In Amerika ist mit Krähe am häufigsten die Amerikanerkrähe, *Corvus brachyrhynchos*, gemeint. Eine ganz ähnliche Art ist im Großteil Europas verbreitet, die Aaskrähe oder *Corvus corone*. Die kleinste Krähenart ist die Dohle *(Corvus monedula)*; sie wiegt nur etwa zweihundert Gramm, also halb so viel wie die Amerikanerkrähe.

Der größte Rabenvogel ist der Kolkrabe, *Corvus corax,* der immerhin annähernd zweitausend Gramm auf die Waage bringt. Vielleicht aufgrund seiner Größe oder der Tatsache, dass fast alle Menschen auf der nördlichen Erdhalbkugel ihn kennen, gilt er als »der« Rabe und geradezu legendär intelligent – die Gehirnkapazität des Kolkraben ist beinahe doppelt so groß wie die der Amerikanerkrähe. In der Tat können alle Krähen eindrucksvoll klug sein, doch nur der Kolkrabe bringt es fertig, über den Wald zu fliegen – manchmal anscheinend allein –, dabei einen endlosen Monolog ungeheuer unterschiedlicher Rufe und anderer Äußerungen verlauten zu lassen, dann lässig einen Flügel anzulegen und eine halbe Rolle in der Luft auszuführen, wie ein Kind, das beim Rennen kleine Hüpfer einlegt. Nur Kolkraben tanzen hoch am Himmel im Mondlicht oder werfen sich im Flug gegenseitig Schneebälle zu, wie Andrea Lawrence und Alan Burger es beobachtet haben, und nur Kolkraben legen sich Golfbälle ins Nest.

Ein weiterer auffälliger Unterschied im Verhalten von Raben und Krähen besteht darin, dass sich Krähen zu festen Gruppen von Individuen zusammenschließen. Je nach gegebener Situation gestatten sie es dem Nachwuchs auch häufig, zu bleiben und den Eltern beim darauffolgenden Nisten zu helfen. Raben hingegen vertreiben die Jungen einige Monate nach dem Flüggewerden, oder diese ziehen von ganz allein ihrer Wege.

23. Februar 2012. Es ist noch immer etwas Kalbfleisch übrig. Ich sitze an meinem Schreibtisch und schreibe, als ich um vierzehn Uhr zehn die abgehackten Stakkatorufe einer Krähe höre. Meine Fünfergang ist wieder da. Vier der Krähen fressen gerade, die fünfte sitzt rund sechs Meter hoch in der Birke in ihrer Nähe. Sie krächzt weiter und macht dazwischen nur kurze Pausen, während die Krähen auf dem Boden still im Kadaver herumpicken. Um vierzehn Uhr sechsundzwanzig fliegt eine der fressenden Krähen auf, kehrt jedoch nach zwei Minuten zurück, sodass erneut vier Vögel am Kadaver versammelt sind, während der Beobachter von seinem Sitz hoch oben im Baum aus ruft. In jeweils nur leichter Abwandlung wiederholt sich diese Abfolge – eine Krähe hält Ausschau, die anderen fressen – noch dreimal und setzt sich bis fünfzehn Uhr siebenunddreißig fort. Um fünfzehn Uhr vierzig jedoch, als drei Krähen gerade fressen, fliegen diese

plötzlich alle auf einmal auf und verschwinden mit den restlichen beiden gemeinsam ins Tal hinab.

Die erste Krähe hatte zweiundzwanzig Minuten auf dem Beobachtungsposten ausgeharrt. Diejenigen, die übernahmen, hatten weniger lang oben im Baum gesessen und warteten, bis die anderen sich satt gegessen hatten, bevor sie mit ihnen davonflogen. So stimmten meine Beobachtungen mit dem überein, was in der Folklore überliefert ist: Bei Krähen, die in einer Schar kooperativ zusammenleben, verzichtet eine immer freiwillig auf das Fressen, um Wache zu halten.

Später in diesem Monat kam das in der Gegend ansässige Krähenpaar weiter täglich zu dem Kadaver, selbst dann noch, als kaum mehr etwas dran war und meine Fünfergang längst das Feld geräumt hatte. Nachdem die beiden auch das letzte Restchen Fleisch abgepickt hatten, fütterte ich sie mit Erdnüssen, die ich auf dem Schnee um die Blockhütte herum verteilte. Bei ihrem ersten Besuch hielt eine der Krähen Wache und krächzte, während sich die andere stumm die Erdnüsse schnappte und versteckte. Nach einer Weile hielten sie die Umgebung wohl für ausreichend sicher und sammelten die Nüsse gelegentlich Seite an Seite ein.

Nie beobachtete ich, dass die Krähen Fremde dazu einluden, das Mahl mit ihnen zu teilen – eine Verhaltensweise, die ich Mitte März 2014 noch einmal testen wollte, indem ich dort, wo ich zwei Jahre zuvor das tote Kalb abgelegt hatte, ein überfahrenes Reh platzierte. Es dauerte keine Stunde, bis ein Krähenpaar erschien, kurz krächzte und sich dann aufteilte: Eine Krähe fraß, die andere setzte sich still in einen Baum in der Nähe. Einige Zeit später flog die Krähe, die gefressen hatte, ebenfalls in den Baum. Diejenige, die dort schon saß, begann, mit Flügeln und Schwanz zu flattern – ein Zeichen der Er- oder Aufregung, anhand dessen man Krähen und Raben aus einiger Entfernung am zuverlässigsten unterscheiden kann –, und flog anschließend zum Fressen auf den Boden. Danach kam das Paar regelmäßig, und auch eine einzelne andere Krähe erschien. Meist hielt sie sich von dem Paar fern, manchmal aber speisten alle gemeinsam. Nie jedoch kam es zu Massenansammlungen; nur die Vögel, die das Reh entdeckt hatten, fraßen auch davon.

Nun mögen diese Beobachtungen banal erscheinen, doch verglich ich sie mit denen, die ich im Laufe der Jahre am selben Ort von Raben gemacht hatte. Wenn ein Rabe den Kadaver eines Rehs entdeckt hatte, gesellten sich innerhalb kürzester Zeit fast immer Dutzende weiterer Raben zu ihm – an einem Kuh- oder Elchkadaver tummelten sich häufig über einhundert Vögel. Die meisten Raben waren für sich unterwegs und erschienen nicht wie Krähen in festen Gruppen. Allerdings geschieht das Teilen der Mahlzeit mitnichten aus rein altruistischen Beweggründen, sondern eher aus genau entgegengesetzten Impulsen heraus: dem egoistischen Motiv, *nicht* teilen zu wollen. Dass es dann doch zum Teilen kommt, liegt daran, dass territoriale Rabenpaare ihre Nahrung verteidigen. Wollen sich andere Raben Zugang zu dieser Nahrung verschaffen, müssen sie eine »Gang« aufstellen und die Verteidiger überwältigen. Ist das geschafft, folgt ein Massengerangel, bei dem jeder Vogel versucht, sich so schnell wie möglich so viel wie möglich zu schnappen. Die Raben schleppen eine Nahrungsladung nach der anderen weg und verstecken sie, und ist nichts mehr übrig, stehlen sie sich gegenseitig die Vorräte. Letzteres ist nicht immer leicht, denn auch diese Bissen werden mitunter vehement verteidigt.

Zur selben Zeit, in der die einzelne Krähe, das Krähenpaar und meine Fünfergang in einem Jahr friedlich an dem Kalb und im nächsten ebenso friedlich an dem Reh fraßen, entfaltete sich ganz in der Nähe ein völlig anderes Szenario, nämlich auf einem offenen, schneebedeckten Feld hinter dem Haus von Duane und Nancy Leavitt am Rande der nahe gelegenen Stadt Buckfield.

Schon seit Jahren beobachteten die Leavitts ein Krähentrio auf ihrem Anwesen, es war ihnen so bekannt, dass sie den Vögeln sogar Namen gegeben hatten: Dick, Donald und George. Die kleine Gruppe zeigte sich stets solidarisch, nie kam es zu irgendwelchen Streitereien. Am 24. Februar 2014 aber wurden die Leavitts zwischen sieben Uhr fünfunddreißig und sieben Uhr fünfundvierzig durch einen lautstarken Tumult in ihrem Garten aufgeschreckt. Sie sahen aus dem Fenster und mussten verblüfft feststellen, dass zwei Krähen eine dritte attackierten, während mehrere weitere in den umliegenden Bäumen saßen und krächzten.

Das mit den Flügeln Flattern und im Schnee Herumrollen der drei Krähen, was da vor ihrem Schlafzimmerfenster stattfand, verglichen die

Leavitts anschaulich mit einer »Kneipenschlägerei«. Nach zehn bis zwölf Minuten flogen die Krähen davon – außer einer, die blutend und tot am Boden lag. Wiederum zehn Minuten später erschien eine einzelne Krähe auf der Bildfläche und hackte auf ihren toten Artgenossen ein. Die Leavitts rührten den Krähenkadaver nicht an, sodass ich ihn mir elf Tage danach, als sie mir von dem Vorfall erzählten, genau ansehen konnte.

Die getötete Krähe lag auf dem Rücken und war fest in den verkrusteten Schnee gefroren. Ihr Kopf war von blutigem Schnee begraben und teilweise kahl; an den Federn, die noch übrig waren, klebte getrocknetes Blut. Letzteres fand sich auch am Bauch sowie am Ansatz des rechten Beins und des Schwanzes. Die Brust war von Stichwunden übersät. Weitere Kampfspuren waren inzwischen verwischt, da es kurz getaut und anschließend erneut geschneit hatte, doch waren auf dem pulvrigen Neuschnee um den Kadaver herum frische Krähenspuren zu sehen. Die Krähen schienen sich allerdings nur bis auf etwa einen Meter herangewagt zu haben.

Ich nahm die Krähe mit, taute sie einen Tag lang in meiner Hütte auf, häutete sie und war überrascht, hervortretende Brustmuskeln vorzufinden und keine eingefallenen, ausgezehrten, wie ich sie bei einem geschwächten Vogel erwartet hätte. Diese Krähe hatte Fett auf den Schenkeln, am Halsansatz, am Bauch und an den Federfluren. Sie wies keinerlei Anzeichen einer Krankheit, einer früheren Verletzung oder unzureichender Nahrung auf. Kein Knochen war gebrochen. Dem Schädel nach war es eine adulte Krähe, ein Männchen mit leicht vergrößerten Keimdrüsen. Es war massiv am Kopf verletzt worden, wo sich Blutungen an Haut, Schädel und Gehirn fanden. Beide Augen waren durchstochen, doch vom ganzen Körper war nicht ein Stückchen Fleisch entfernt worden.

Die Krähe war an den Hieben auf den Kopf gestorben, die die anderen ihr bei einem absichtlichen und lang anhaltenden Angriff zugefügt hatten. Zahlreiche Hackspuren in einem kleinen Bereich des linken Brustmuskels wiesen keine Blutungen auf – sie waren dem Opfer wahrscheinlich zugefügt worden, als es sich entweder nicht mehr bewegen konnte oder bereits tot war.

Meines Wissens bietet die Fachliteratur nur einen möglichen Grund für die ohnehin seltenen und größtenteils unbewiesenen Berichte über

Krähen, die sich zusammenrotten, um einzelne Artgenossen anzugreifen: das Vertreiben oder Töten eines schwachen oder verletzten Individuums zur »Statuserhöhung«. Ich stehe dieser Annahme skeptisch gegenüber, ist das potenzielle Aufsteigen in der Rangordnung durch Töten doch wenig wahrscheinlich; zwar ist das Risiko, selbst zu Schaden zu kommen, bei einem Gruppenangriff geringer als bei einer Einzelattacke, andererseits ist aber genau dadurch unklar, wer in der Gruppe nun für den »Erfolg« verantwortlich ist.

Nichtsdestotrotz gab es Hinweise, die zumindest einige andere Möglichkeiten ausschlossen. Zunächst ereignete sich der Angriff in der Nähe einer Futterstation und nicht in Zeiten einer Hungersnot – die Krähe war also nicht aus Nahrungskonkurrenz getötet worden. Zudem schien der getötete Vogel nicht geschwächt gewesen zu sein; für eine im Norden lebende Amerikanerkrähe im Winter war er durchschnittlich bis überdurchschnittlich groß, und die Autopsie hatte ergeben, dass er in ausgezeichneter körperlicher Verfassung gewesen war. Das lässt darauf schließen, dass der tote Vogel möglicherweise der Aggressor und zu einem Kampf fähig und bereit gewesen war, nicht das Opfer eines Gangangriffs, angestiftet von Einzelnen, die zur Statusverbesserung miteinander um einen Tötungserfolg wetteiferten.

Das Opfer war also durchaus kräftig genug gewesen, um einen Kampf zu riskieren. Dafür allerdings hätte dieser auch bedeutende und langfristige Vorteile haben müssen, beispielsweise im Hinblick auf die Fortpflanzung. Hatte der Vogel versucht, sich eine Partnerin zu sichern, indem er sich in das schon lange in der Gegend ansässige Krähentrio »einschlich«? Das dominante Männchen der Gruppe hätte mehr zu verlieren gehabt als sein Herausforderer, denn seine Partnerin war real und nicht nur potenziell. So stellt das Szenario zweier männlicher Krähen, die sich gegen einen möglichen Eindringling verbünden, durchaus eine alternative Hypothese zur vorherrschenden dar, nach der die Vögel eine schwächere Krähe attackierten, nur weil sie schwächer war.

Der Mensch findet Krähen in der Regel deshalb so liebenswert, weil sie die geistige Fähigkeit besitzen, eine Bindung einzugehen (meist mit einem Artgenossen). Bewusst wird uns diese Fähigkeit, wenn wir eine Krähe als

Haustier halten; für diese verkörpern wir dann nicht nur einen Ersatzartgenossen, sondern auch die Ersatzfamilie.

Soziale Einheiten entwickeln sich unter dem Selektionsdruck, sich Hilfe holen zu müssen, wenn man sich im Konkurrenzkampf mit anderen Gruppen einen Vorteil verschaffen will. Meist gilt: Je stärker die Bande zur Sippe, desto größer die Intoleranz gegenüber Außenseitern. Betrachtet man die liebenswerte Fähigkeit, eine Bindung zu Mitgliedern der Gruppe einzugehen, einmal unter diesem Aspekt, offenbart sich plötzlich eine weniger liebenswerte Bereitschaft zur Diskriminierung, die durchaus auch zur Aggression führen kann. Das eine – das Bevorzugen von Individuen zum Zwecke der Kooperation – kann es ohne das andere – das Diskriminieren Außenstehender – kaum geben, ebenso wenig wie es Licht ohne Schatten gäbe.

3

Bekanntschaft mit einem Star

Ich war an der Lieblingsbadestelle unserer Familie – einer Vertiefung neben einem großen Felsen in einer Biegung des Huntington River in Vermont – schwimmen gegangen. Es war sehr heiß an diesem Augusttag, und als ich nach einem erfrischenden Bad in der klaren, wirbelnden Strömung auf dem von Hemlocktannen beschatteten Pfad an der Flussböschung nach Hause zurückschlenderte, spürte ich plötzlich, wie ein Vogel über meinen Kopf hinwegflatterte. Überrascht blickte ich auf und sah einen einsamen Star im Geißblattstrauch neben dem Weg sitzen. Ich ging einige Schritte weiter, blieb dann aber wieder stehen; irgendetwas am Verhalten des Vogels hatte den Eindruck erweckt, als hätte er sich mir absichtlich genähert. Der Pfad wird häufig von Menschen benutzt, die im Fluss baden wollen, doch noch nie hatte ich von einem gehört, der dabei von einem Vogel »angeflogen« worden war.

Einem Impuls folgend pflückte ich ein paar Beeren von einem Strauch und hielt sie dem Star hin. Er zappelte nervös herum. Ich redete sanft auf ihn ein, lehnte mich nach vorn und redete noch ein wenig weiter, woraufhin der Vogel auf meine ausgestreckte Hand geflogen kam, eine Beere aufpickte und sich dann wieder in den Strauch setzte. Ich pflückte mehr Beeren, und wir wiederholten diese Übung von Anbieten und Annehmen.

Stare halten sich normalerweise in größeren Schwärmen am Boden auf, wo sie unter heruntergefallenen Blättern nach Insekten suchen. Da ich mein kleines Experiment erweitern wollte, kniete ich mich hin und versuchte, das Starverhalten zu imitieren, indem ich ein wenig im Laub herumwühlte. Erstaunlicherweise flog der Vogel tatsächlich auf, landete neben mir auf der Erde und widmete sich den Blättern, an denen ich mir gerade zu schaffen gemacht hatte. Es war das erste Mal, dass zwischen mir und einem Wildvogel eine so prompte Verbindung entstand. Ich musste diesen Star unbedingt näher kennenlernen! So beschloss ich, ihn nach Möglichkeit zu fangen und mit nach Hause zu nehmen.

Ich hielt ihm wieder ein paar Beeren hin, und erneut landete der Star auf meiner ausgestreckten Hand. Als ich die andere Hand allerdings langsam auf ihn zu bewegte, flog er davon. Bei der nächsten Landung schloss ich die Finger und versuchte, ihn an den Beinen festzuhalten. Ich erwischte einen Zeh, und der Vogel schimpfte laut, bis ich ihn sicher in meinen gewölbten Händen hielt. So trug ich ihn die drei Kilometer bis nach Hause, die ich in lockerem Trab zurücklegte.

Nach der beängstigenden Enge in meiner Hand schien er erleichtert, als ich ihn zu Hause in einen alten Vogelkäfig setzte: Er schüttelte sich und begann, sich zu putzen. Offensichtlich hatte er vor niemandem in der Familie Angst, und so adoptierten wir ihn für den kommenden Winter, in dem er ein Dach über dem Kopf und ausreichend Futter haben sollte. »Ganz schön schlau von dem Tier«, dachte ich, und so wurde Slick – das englische Wort für schlau – zu seinem Spitznamen.

Den geräumigen Käfig, in dem Slick der Star, *Sturnus vulgaris,* saß, stellten wir neben ein Fenster in unsere Wohnküche. Wenn ich morgens das Licht anmachte, drehte er sich zu mir und putzte sich ununterbrochen für geschlagene zehn Minuten. Er streckte sich nach den Federn auf seinem Rücken, zog sie durch den Schnabel und verfuhr dann ebenso mit den Federn an Brust, Flanken und Kehle. Anschließend spreizte er einen Flügel ab und widmete sich den Schulterfedern. Er plusterte sich auf, schüttelte sich, legte die Federn an, stellte diejenigen am Kopf auf und schüttelte auch diese. Er stellte sich auf das rechte Bein und streckte Bein und Flügel der linken Seite aus. Dann streckte er beide Flügel gleichzeitig über den Kopf, hob den linken Fuß über den linken Flügel und kratzte sich mit einem Zehennagel hingebungsvoll am Hinterkopf. All diese Schritte wiederholte er mehrmals, bevor er sich mit dem linken Fuß am Kinn kratzte, wobei er die Augen schloss, den Schnabel öffnete und ein winziges Piepsen verlauten ließ. Hin und wieder nieste er auch ein-, zweimal und wischte sich anschließend den Schnabel an der Sitzstange ab. Dann ließ er den Kopf zwischen die Schultern sinken und sah sich um.

Slick schien seine Gefiederpflege nur um ihrer selbst willen, aus Spaß durchzuführen. Und am deutlichsten trat sein Spieltrieb bei seinem Baderitual zutage. Baden war Slicks Leidenschaft. Wenn er Wasser aus dem Hahn über der Spüle in der Küche laufen sah, drehte er beinahe durch und wollte unbedingt aus dem Käfig gelassen werden. Ich tat ihm den Gefallen zumindest jeden dritten Tag, manchmal aber auch bis zu zweimal täglich. Ich ließ Wasser in einen Suppenteller, und egal ob dieser nun sauber war oder nicht, Slick sprang bei noch offenem Hahn hinein, piepste ekstatisch, beugte die Beine, um tiefer ins Wasser zu gelangen, und flatterte vehement mit den Flügeln, wie ein elektrisches Rührgerät auf Höchststufe. Dabei spritzte das Wasser mehrere Meter weit, und sowohl der Küchenboden als auch die Arbeitsflächen um die Spüle herum waren hinterher pitschnass. Anschließend hüpfte er selbst tropfnass aus dem Suppenteller und flatterte in seinen Käfig zurück, wo er sich kräftig schüttelte und dann trocken putzte.

Sein Putzregime mochte übertrieben erscheinen, doch es lohnte sich. Aus einiger Entfernung wirkte er schwarz, kam man aber näher, stach ein metallischer Glanz in den verschiedensten Grün-, Violett- und Blautönen ins Auge. An Brust, Kopf und Hals schillern Starfedern purpurfarben, am Rücken grün. An Slicks Bauch changierten Blau- und Grünschattierungen, und knapp unterhalb des Halses besaßen die Federn hellgelbe Spitzen, als hätte man sie einzeln in Sahne getaucht. Wie es für das Federkleid des Stars im Winter typisch ist, wiesen die Rückenfedern einen hellbraunen Rand auf, sodass Slick wie ein metallisch glänzender Regenbogen mit cremeweißen und braunen Tupfen aussah.

Stare wechseln das Federkleid zu den verschiedenen Jahreszeiten. Die Farbgebung der Jungvögel in ihrem ersten Sommer besteht aus einem gedeckten Graubraun, Füße und Beine sind schmutzig braun. Wechselt der Vogel nach der Mauser gegen Ende des Winters oder zu Beginn des Frühlings ins Alterskleid, zieren weißliche Punkte die Federspitzen, die sich im Laufe des Frühjahrs jedoch wieder verlieren. Dann kommen die schillernden Gefiederfarben durch, der Schnabel wird leuchtend gelb und Füße sowie Beine verfärben sich orange.

Nach der morgendlichen Körperpflege hüpfte Slick aufgeregt in seinem Käfig herum, während ich das Frühstück zubereitete, und gab dabei ununterbrochen kratzende, schrill endende Piepser von sich. Meist ging ich dann zu ihm und reichte ihm ein paar kleine Leckerbissen, damit er den Schnabel hielt.

Beim Fressen zeigen sich die eindeutig seltsamsten Eigenheiten der Stare. So benutzen die meisten Vögel beispielsweise den Schnabel als Zange oder Pinzette. Slick aber steckte den seinen in mein Ohr und sperrte ihn dann auf, statt ihn zu schließen. Diese merkwürdige Bewegung dient sonst dem Umdrehen getrockneter Kuhfladen, um Mistkäfer aufzustöbern, dem Aufwirbeln heruntergefallener Blätter, unter denen sich möglicherweise Würmer verbergen, dem Öffnen von Spalten und dem Teilen des Grases, um Insekten und andere Nahrung bloßzulegen. In meinem Ohr hatte sie definitiv nichts verloren.

Die zweite Eigenheit, die Slick mit seinen Artgenossen teilte, war die Unfähigkeit, die Nahrung mit den Füßen festzuhalten und sie so zum Schlucken vorzubereiten. Was das Putzen und Kratzen anbelangte, so machte er jedem Verrenkungskünstler Konkurrenz, doch ein Stück Nahrung mit den Zehen festhalten konnte er nicht. Blauhäher und Meisen sind es gewohnt, Nüsse oder Sonnenblumenkerne mit den Füßen auf die Unterlage, auf der sie sitzen, zu drücken, um sie anschließend mit dem Schnabel aufzubrechen, oder beispielsweise einen Cracker festzuhalten, den sie dann Stückchen für Stückchen verzehren. Der Kleiber steckt seine Nahrung in Baumrindenritzen und benutzt sie als eine Art Schraubstock. Gab ich Slick einen Cracker, wusste er damit praktisch nichts anzufangen. Er quäkte frustriert, flog im Käfig hin und her, warf wie ein Irrer mit der Nahrung um sich, schüttelte den Kopf und schleuderte den Cracker ab und zu auch gegen seine Sitzstange. Das Einzige, was er nicht tat, war, einfach mit einem Fuß draufzutreten und von dem auf diese Weise fixierten Stück Nahrung etwas abzuknabbern.

Man könnte Slick zu Recht als opportunistischen Omnivoren bezeichnen. Er fraß einfach alles, ob Trauben, rohen Kohl, Salat, Rührei, rohe Karottenstückchen, frisches Brot, gekochte Kartoffeln, Heidelbeeren, Joghurt, seinen eigenen Kot, Himbeermarmelade, rohes und gebratenes Hackfleisch, Frühstücksflocken, Reis, Erdnussbutter, Äpfel, Würmer, Maden oder Insekten. Am nachdrücklichsten bettelte er jedoch um Futter, wenn er mich mit einer Schmeißfliege in der Hand sah. An diesen herrschte in unserem Haus im Winter kein Mangel, ebenso wenig wie an Marienkäfern der Spezies *Coelophora inaequalis*.

Diese Marienkäferart weist eine rote, orangefarbene sowie schwarze Zeichnung auf und gibt einen gemeinen Geruch ab, wenn man sie ärgert. Zusammen mit den leuchtenden Farben, die vermeintliche Ungenießbarkeit signalisieren, soll der Geruch Vögel und andere Fressfeinde abschrecken. Ich wusste das, bot Slick aber dennoch einen Marienkäfer an. Er nahm ihn – obwohl er sein Frühstück an diesem Morgen vollständig verzehrt hatte. Zuerst schüttelte er den Käfer und nach kurzem Zögern fraß er ihn. Ich hielt ihm noch einen hin und dann noch einen, und erst nach zweiundzwanzig Marienkäfern schien Slick schließlich doch satt zu sein. Er schleuderte die meisten gegen seine Sitzstange, als wollte er die chemischen Sekrete abschütteln, fraß sie am Ende aber trotzdem.

Auch am nächsten Tag leerte Slick zunächst seine Futterschale und fraß anschließend achtzehn frisch gefangene Marienkäfer. Die ersten paar schluckte er rasch hinunter, danach schüttelte er manchmal nach dem Schlucken den Kopf. Später schlug er die Käfer erst gegen die Sitzstange, bevor er sie fraß, und nach dem achtzehnten schließlich ließ er sie scheinbar versehentlich fallen. Vielleicht war er nun ja endgültig satt. Um das zu prüfen, brachte ich ihm eine weitere Handvoll Käfer sowie einige frische Schmeißfliegen. Nun ignorierte er den Käfer entweder oder er wischte ihn an seiner Sitzstange ab und warf ihn dann beiseite. Von den fünfundvierzig Schmeißfliegen aber, die ich von einem Fenster im oberen Stock abgesammelt hatte, fraß er jede einzelne, eine nach der anderen, und nicht eine von ihnen wischte er an der Stange ab oder ließ er fallen.

Das sah nach einer willkommenen potenziellen Lösung unseres Schmeißfliegenproblems aus – abgesehen natürlich von den spezifischen Nachwirkungen, die sich bei einem frei herumfliegenden Vogel unweigerlich einstellen. Nach seinem Gelage ließ ich Slick aus dem Käfig, auf dass er sich frei im Haus bewegen konnte, woraufhin er umgehend im üppigen Haar meiner Frau landete. Darüber waren beide sehr aufgeregt, was sich beim Vogel unter anderem darin bemerkbar machte, dass er auf seinem neuen Sitzplatz etwas weniger Willkommenes aus seiner Kloake hinterließ.

***

Ein Schwarm Stare.

Stare sind in Amerika nicht besonders beliebt. Ist gerade keine Brutsaison, finden sie sich zu Zigtausenden an Schlafplätzen zusammen, wobei zwar jeder einzelne einnehmend singt, alle gemeinsam aber das, was wir als Lärm bezeichnen, veranstalten. Zudem beschmutzen sie ausnahmslos alles, was unter ihnen liegt. Als invasive Art sind Stare außerordentlich erfolgreich; häufig besetzen sie beispielsweise Nistkästen, die eigentlich für Hüttensänger gedacht waren. Aus den zweihundert Individuen, die man in den 1890er-Jahren im Central Park freigelassen hatte, sind mittlerweile mehr als zweihundert Millionen geworden, die sich über den gesamten Kontinent verbreitet haben. Die Vögel bewerkstelligten die Ausdehnung ihrer Population sehr viel rascher als ihre menschlichen Gegenstücke aus Europa.

Selbst in ihren riesigen Winterschwärmen singen Stare beinahe ununterbrochen und bis tief in die Nacht hinein. Was in der Masse nervtötend und bisweilen unerträglich sein kann, ist beim Einzelsänger jedoch ein Genuss. Der Gesang von Vögeln erfüllt wichtige praktische Funktionen, doch da Stare so bereitwillig und oft singen, tun sie es aller Wahrscheinlichkeit nach auch aus Vergnügen.

Stare passen sich stimmlich ihren Umgebungsgeräuschen an und sind seit der Antike für ihr Gesangstalent bekannt. Von Staren, die man sich als Haustier gehalten hat, wird berichtet, dass Handaufzuchten binnen weniger Tage oder Monate Melodien, die sie aus ihrer Umgebung aufschnappten, in ihr eigenes Repertoire aufnahmen, von den Klavierkonzerten Mozarts bis zur amerikanischen Nationalhymne. Darüber hinaus ahmten sie Wörter und kurze Sätze wie beispielsweise »Gib mir einen Kuss«, »Bis später« und sogar »Hat Hammacher Schlemmer eine Freephone-Nummer?« nach.

Slick wusste nicht, wie er einen Cracker fressen sollte, aber jüngeren Laborstudien zufolge können Stare im Allgemeinen »akustische Muster, die einer rekursiven, in sich selbst eingebetteten, kontextunabhängigen Grammatik folgen, korrekt erkennen« und »agrammatische Muster zuverlässig ausschließen«. Mit anderen Worten: Stare begreifen die menschliche Grammatik. Ganz schön schlau.

Ich unternahm keinerlei Versuche, Slick beizubringen, wie oder was er singen sollte, aber er sang beinahe den gesamten Winter lang durch: meist ab dem Nachmittag, den Abend über und bis spät in die Nacht. Er hörte nur mit dem Singen auf, wenn ich das Licht ausschaltete. Lediglich hin und wieder eingestreute kurze Pausen von wenigen Sekunden verliehen den improvisierten Monologen Struktur. Ansonsten glichen sie einer scheinbar endlosen Reihe üblicher Startriller in verschiedenen Tonhöhen, einer unermüdlichen Abfolge von Klingel- und Pfeiftönen, unterbrochen von zwitschernden, knurrenden und quäkenden Geräuschen. Dazwischen hörte ich auch Gesangsphrasen des Weiden-Gelbkehlchens, bewundernde Pfiffe und das Klingeln eines Telefons heraus. Diese Geräusche gehörten zu Slicks ureigenstem Repertoire und ließen möglicherweise auf seine Vergangenheit schließen. Das, was ich ihm hin und wieder vorpfiff, mochte ihn zu den bewundernden Pfiffen inspiriert haben. Dass er den Gesang des Weiden-Gelbkehlchens kannte, bedeutete, dass er sich im Frühjahr in der Nähe offener oder sumpfiger Habitate aufgehalten haben musste. Sein Mangel an menschlichen Wörtern wies darauf hin, dass er nicht in einer Situation aufgewachsen war, in der es zu Bindungen mit Menschen hätte kommen können. Wie die Biologen Meredith J. West, A. N. Stroud und Andrew P. King in einem Artikel über die stimmliche Mimikry von Staren ausführen, lauschen und imitieren Stare nur den beziehungsweise die Menschen, mit denen sie in einem gemeinsamen Lebensumfeld sozial interagieren. Aufgrund dessen vermutete ich, dass sich Slick entweder noch nie in menschlicher Obhut befunden hatte oder dass sich seine früheren Halter nur wenig um ihn gekümmert hatten.

Vor Kurzem habe ich mir ein YouTube-Video von einem Star namens Beakie angesehen, der über ein eindrucksvolles und ausgesprochen vielfältiges Repertoire an Liedern, Wörtern und Pfiffen verfügte. Diese hatte er über zehn Jahren hin von seinem Besitzer gelernt, der oft mit Beakie sprach und ihm etwas vorpfiff. Der berühmteste Star in menschlicher Obhut war jedoch der, den sich Wolfgang Amadeus Mozart seinerzeit in Wien gehalten hat. Angeblich soll Mozart auf einer Straße plötzlich einen Star in einem Käfig gehört haben, der das Klavierkonzert Nr. 17 des Maestros nachsang, und zwar gar nicht mal schlecht. Er kaufte den Vogel am 27. Mai des Jahres 1784 und hielt den Kauf in seinem Haushaltsbuch unter »Vogel Stahrl – 34 K [= Kreuzer] – Das war schön!« fest. Als der Star drei Jahre später am 4. Juni 1787 starb, begrub Mozart ihn in seinem Garten und schrieb ihm zu Ehren ein Gedicht.

Slick liebte die menschliche Gesellschaft und ließ sich nicht im Mindesten vom Getümmel selbst der lautesten Party abschrecken, bei der er stets munter und fröhlich blieb. Ein solches Verhalten lässt sich möglicherweise mit der Sozialentwicklung der Spezies erklären: Nicht selten halten sich die Vögel unter Zigtausenden drängelnder, lärmender Schwarm- und Artgenossen auf, besonders bei der allabendlichen Rückkehr zu den Gemeinschaftsschlafplätzen, bei der die Flugmanöver eine geradezu ballettartige Synchronität annehmen. Stare brauchen nicht nur einen Partner beziehungsweise eine Partnerin oder Gefährten. Stare brauchen eine ganze Horde. Ein Star zu sein bedeutet, mit zahllosen anderen Staren durch die Luft zu tanzen und am Himmel synkopierte Flugkunststücke zu vollführen. Wir nennen solche Ansammlungen auch Formationsflüge, doch dieser Begriff wird dem Spektakel der Stare nicht einmal annähernd gerecht!

Ein singender und mit den Flügeln gestikulierender Star.

Fühlte Slick sich bedroht, suchte er in meinen Haaren Schutz, war er entspannt, ließ er sich gesellig auf meiner Schulter nieder. Im Winter wollte ich ihn nicht wieder freilassen, weil dann kein Schwarm in der Nähe war, dem er sich hätte anschließen können. Doch zu Beginn des Frühjahrs ging ich versuchsweise mit ihm auf der Schulter in den Garten. Er blieb die ganze Zeit dort sitzen. Einen Tag später versuchte ich es noch einmal. Dieses Mal flog er auf und landete in dem Kirschbaum neben der Veranda. Ich blieb auf der Veranda und wartete ab, was er als Nächstes tun würde. Nach ein paar Minuten kehrte er auf meine Schulter zurück und flog dann durch die offene Tür wieder ins Haus.

Als sich das Wetter mit fortschreitendem Frühling besserte, nahm ich ihn öfter mit nach draußen. Eines Tages verschwand er, und wir sahen ihn nie wieder. Ich vermisse seinen fröhlichen Gesang noch heute, doch ich konnte und wollte einen so geselligen Vogel nicht in einen Käfig einsperren, wenn ich ihm nicht gleichzeitig täglich mindestens eine Stunde meiner Zeit widmen konnte, um den wahren Star in ihm zum Vorschein zu bringen.

Manche Tiere, und dazu gehören vor allem gesellige Vögel wie Krähen und Stare, brauchen konstant Gesellschaft, manchmal jahrelang die gleiche. Ein solches Engagement bringen nur wenige Menschen auf, für einige aber können Haustiere aus freier Wildbahn wahrlich eine Quelle der Inspiration sein.

4

Der Specht mit der Trommel

Unserer Annahme zufolge ist der Grund, warum männliche Spechte auf Holz herumtrommeln, kein großes Geheimnis: Sie tun es, um Weibchen anzulocken. Doch obwohl ich, solange ich denken kann, gesehen und gehört habe, wie Gold-, Haar-, Dunen- und Helmspechte ihre instrumentale Version des Vogelgesangs aufführten, kann ich mich nicht an ein einziges Mal erinnern, dass sie damit ein Weibchen angelockt oder ihr Revier erweitert hätten.

Und was das Trommelverhalten angeht, bildet der Gelbbauch-Saftlecker wohl kaum eine Ausnahme. Allerdings gehört er zu den wenigen Spechten, die nicht in toten Bäumen nach Maden hacken. Stattdessen zapft er lebende Bäume an, leckt deren Saft auf und ernährt sich quasi ganz nebenbei von den Insekten, die sich vom selben Saft ernähren. Im Gegensatz zu allen anderen der rund sechs in Maine heimischen Spechtarten ist er so versessen auf das frühjährliche laute Trommeln, dass er, Opportunist, der er ist, zur Soundverstärkung nicht nur trockene Äste, sondern auch Blechdächer und Rauchabzüge aus Metall benutzt. Davon einmal abgesehen, lässt die Spezies mit der auffallend tiefroten Kehle und Oberseite des Kopfes, mit der hellgelben Unterseite und mit der markanten Schwarz-Weiß-Zeichnung an Schönheit wirklich nichts zu wünschen übrig. Deshalb war ich froh, die Gelegenheit zu haben, den Gelbbauch-Saftlecker einmal näher kennenzulernen.

Diese Gelegenheit ergab sich ganz unerwartet gegen sieben Uhr morgens am 19. April, meinem Geburtstag, im Jahr 2012. Auf der Lichtung neben meiner Blockhütte steht ein Golden-Delicious-Apfelbaum, der mindestens einhundert Jahre alt ist. In seinem Lebendholz fließt noch immer Saft, doch hat das Alter seinen Stamm ausgehöhlt und Teile seiner Trockenholzwände dünner gemacht, was alles in allem einen exzellenten Trommelplatz für Spechte ergibt. Außerdem ist es einem Bären und mir zu verdanken, dass dieser spezielle Baum über eine zusätzliche Attraktion für Saftlecker verfügt.

Im vorigen Sommer war der Bär den Baum hinaufgeklettert, um an die früh reifenden Äpfel heranzukommen. Dabei hatte er einige der morscheren Äste beschädigt, und so hatte ich, um den Baum vor einem zweiten Bärenbesuch zu schützen, den hohlen Stamm mit einem Stahlblech ummantelt. Und ein Saftlecker, der gerade aus seinem Winterquartier zurückgekehrt war, hatte dieses Stahlblech für sich entdeckt – als Verstärker für eine Art »Megatrommel«.

Auch davor waren auf dem Apfelbaum, der rund fünfzig Meter vom Rand der Lichtung und etwa hundert Meter von meiner Blockhütte entfernt ist, bereits Saftlecker gelandet. In der Regel hielten sich die Vögel im Wald auf, nur gelegentlich wagten sie sich zur Lichtung vor, um auf den Rauchabzug der Hütte einzuhämmern. Ich saß an diesem herrlichen Frühlingsmorgen neben meinem Holzofen und genoss meine erste Tasse Kaffee des Tages, während ich mir einige Notizen machte, als mich das widerhallendste Saftleckertrommeln, das ich je gehört hatte, aus meiner Tätigkeit riss. Vom Fenster aus konnte ich das Saftleckermännchen sehen – es hat einen roten Kehlfleck, während das Weibchen einen weißen besitzt –, das sich auf dem Apfelbaum niedergelassen hatte.

In rascher Folge war ein Trommelwirbel nach dem anderen zu hören – *rat-tattat-tatatattat-TAT*, wieder und wieder. Nach einigen dieser Abfolgen landeten zwei weitere Saftlecker auf demselben kleinen Baum. Das Trommeln hörte auf; stattdessen konnte ich nun schrille Rufe vernehmen und einiges Gehabe unter den Vögeln beobachten, bevor sie zu dritt im Wald verschwanden. Fast augenblicklich kam einer wieder zurück und verschwand wenige Sekunden später erneut. Aber warum waren die anderen Saftlecker erschienen und alle drei gemeinsam rasch wieder weggeflogen? Ich hatte noch nie gehört, dass ein Specht einen solchen Lärm veranstaltete, geschweige denn gesehen, dass er damit offensichtlich andere Spechte anlockte. Und warum um alles in der Welt wurden die Vögel erst angelockt und flogen dann beinahe sofort wieder weg?

Kurz nachdem der Saftlecker an diesem Morgen mit dem Trommeln begonnen hatte, holte ich mir Stift und Papier und ging nach draußen, um alles, was sonst noch geschehen mochte, aufzuzeichnen. Ich hatte anscheinend genau den Augenblick erwischt, in dem ein Saftlecker die Mutter

Der alte Apfelbaum mit seiner Metallummantelung, die dem Saftlecker als »Megatrommel« diente.

aller Saftleckertrommeln entdeckte, was mir vielleicht selbst zu einer Entdeckung verhelfen konnte. Plötzlich stellte sich mir eine Frage, die mich noch lange Zeit beschäftigen sollte: Warum trommelt der Specht? Bisher war ich davon ausgegangen, dass das Trommeln, das ich auch im Herbst, Winter und Frühling gehört hatte, der Reviermarkierung diente, als eine Art akustisches »Betreten verboten«-Schild. Aber hier hatte das Signal Artgenossen *angelockt*. Ich wollte genauere Beobachtungen anstellen, um damit eine Grundlage zu schaffen, mit der ich spätere Ereignisse vergleichen konnte, denn zum damaligen Zeitpunkt hatte ich keine Ahnung, was relevant war und was nicht.

Um sieben Uhr einundfünfzig kehrte der Saftlecker nach kurzer Pause zum Baum zurück und ließ fünf Minuten lang einen Trommelwirbel nach dem anderen erklingen. Dann flog er davon. Acht Minuten später kam er wieder, trommelte kurz und hörte damit auf, als ein zweiter Saftlecker erschien – ein Weibchen. Erneut flog er davon, und kurz darauf folgte das Weibchen ihm. Um acht Uhr neununddreißig kehrte das Männchen erneut zurück; nach zehn weiteren Trommelwirbeln gesellte sich wieder ein Weibchen dazu, wobei beide wiederum nur wenige Sekunden blieben.

Nach fünf Stunden kam das Männchen auf siebzehn einzelne Trommelsessions, die insgesamt sechsundsiebzig Minuten gedauert hatten. Und seine Performance hatte dramatische Auswirkungen gehabt. Neun Mal waren andere Saftlecker erschienen: fünf Mal einzelne Weibchen, ein Mal zwei Weibchen, ein Mal ein Männchen und zwei Mal drei Vögel auf einmal, die allerdings schon wieder weg waren, bevor ich ihr Geschlecht bestimmen konnte. Kurz vor der Ankunft kündigten sich die Weibchen im nahe gelegenen Wald mit einem relativ leisen Trommelwirbel und/oder einer stimmlichen Lautäußerung an. Das eine Mal, als ein weiteres Männchen erschien, waren die beiden männlichen Spechte offenbar nicht im Geringsten aneinander interessiert, und so flogen beide in dem für die Vögel typischen wellenförmigen Flugmuster davon.

Die Trommelsoli des Saftleckers steigerten sich auf bis zu vierzig Trommelwirbel, die einer nach dem anderen zu hören waren; dann verschwand er für eine halbe Stunde und kehrte anschließend wieder zurück. Seltsamerweise hörte der Specht immer in dem Augenblick mit dem Trommeln auf, in dem ein Weibchen erschien. Dann beschäftigten sich die beiden zumindest kurz miteinander, indem sie Rufe austauschten und das Kopfgefieder aufstellten. Danach verließ das Männchen die Szene, allerdings nicht im typischen Flugmuster, sondern in einer flatternden, beinahe mottenähnlichen Flugbahn. Das Weibchen zögerte einen Augenblick oder zwei, flog dem Männchen dann aber in den Wald nach.

Das ergab keinen Sinn. Warum räumte er das Feld genau dann, wenn er ihre Aufmerksamkeit hatte?

Nun wurde ich richtig neugierig. Hier geschah etwas Interessantes, und es war außerordentlich schnell interessant geworden. Es lag auf der Hand, dass das Trommeln nicht in einer direkten Verbindung zur Paarung stand: Die Vögel waren gerade erst aus ihrem Winterquartier zurückgekehrt und würden sich frühestens in einem Monat paaren. Vorher mussten erst Nisthöhlen gezimmert und Eier zur Befruchtung hervorgebracht werden.

Am nächsten Tag stand ich um fünf nach fünf morgens auf. Es war noch dunkel. Eine männliche Schnepfe – die Vögel sind nachtaktiv – vollführte noch immer ihren Tanz am Himmel und ließ ein *Psiwitt* ertönen, nachdem sie auf dem kahlen Fleck neben dem Apfelbaum gelandet war. Auch die Wanderdrosseln sangen schon, und die Meisen *zizibähten*. Daneben waren Phoebetyrann, Winterzaunkönig, Einsiedlerdrossel und Graukopf-Vireo zu hören. Von Saftleckern weit und breit keine Spur.

Um fünf Uhr vierzig tauchte dann schließlich doch noch ein Saftleckermännchen auf und begann zu trommeln. An ruhigen Tagen ist das Geräusch im Umkreis von einem Kilometer oder mehr zu hören. Bald schon trommelte es auch andernorts im Wald, doch mein Saftlecker war der vehementeste. Die Antworten schienen aus zwei Richtungen zu kommen: Einmal waren es zehn Trommelwirbel, beim zweiten Mal war es nur einer. Doch der Specht am Apfelbaum machte immer weiter, bis er den Rekord von siebenundvierzig aufeinanderfolgenden Trommelwirbeln aufgestellt hatte. Dann verschwand er.

Wie schon am Tag zuvor kam zweimal ein Weibchen vorbeigeflogen, das jedes Mal dem flatternden Männchen folgte. Bei einem dieser Flüge in den nahe gelegenen Wald, um acht Uhr sechsundzwanzig, vernahm ich ein Kreischen. Als ich dem nachging, stieß ich auf einen möglichen Nistbaum: eine Pappel mit dem charakteristischen Zunderschwamm, aus dem sich Saftlecker bevorzugt ihre Nisthöhlen zimmern. Nicht lange danach allerdings kehrte der Specht zum Apfelbaum zurück und fuhr mit dem Trommeln fort.

Allmählich glaubte ich, ein schlüssiges Muster erkennen zu können. Doch noch immer wusste ich nicht, warum das Männchen wiederholt zu seiner Trommel zurückkehrte und diese umgehend wieder verließ, sobald sich ein Weibchen zeigte. Und warum flog das Männchen dann nicht in dem für Spechte typischen Stil, sondern auf diese angeberische flatternde Art? Manchmal folgte das Weibchen ihm, nicht umgekehrt, wie ich eher vermutet hätte. Wenn es mir nicht gelang, diese Fragen zu klären, würden auch meine anderen Beobachtungen keinen Sinn ergeben.

Von Anfang an war klar, dass das Trommeln Weibchen anlockte und dass das Männchen absichtlich laut trommelte. Ich hatte beobachtet, wie es den toten Stumpf des alten Apfelbaums abgesucht hatte, anscheinend um genau die Stelle zu finden, mit der es die spektakulärsten Effekte erzielen würde. Dann kam das Männchen immer wieder, um exakt diese Stelle zu bearbeiten. Wenn es ihm also auf die Qualität des Trommelns ankam und wenn es damit Weibchen anlockte, dann versuchte der Specht offensichtlich, etwas zu liefern, das das Weibchen wollte oder brauchte und nach dem es suchte. Es ging demnach nicht nur um das laute Geräusch an sich, denn das allein nützte dem Weibchen nichts. Dass der Specht jedes Mal verschwand, wenn sich eine Spechtfrau zeigte, deutete darauf hin, dass sie zumindest zu diesem Zeitpunkt nicht auf eine Paarung aus war. Aber wohin flog er, wenn das Weibchen ihm folgte? Bei meinem Ausflug in den Wald hatte ich keine Anzeichen einer Paarung gesehen.

Vielleicht war es an der Zeit, einen Partner zu *finden,* auch wenn eine Paarung nicht unmittelbar bevorstand. Letztere findet wie bereits erwähnt zeitnah zur Eiablage statt. Es war auch noch lange hin, bis sich die Vögel eine Nisthöhle zimmern mussten. Ich versuchte, mich in einen weiblichen Specht hineinzuversetzen, und überlegte, welche Eigenschaften mir an meinem Partner wohl besonders wichtig wären. Warum würde ich ein Männchen wählen, das einen Riesenkrawall veranstaltet, indem es auf einem Stück Blech an einem halbtoten Apfelbaum herumhämmert?

Das Trommeln als solches schien eine nutzlose Tätigkeit zu sein und musste deshalb dem Vermitteln einer Botschaft dienen. Ich dachte an die Meisen, die nun paarweise unterwegs waren. Die Männchen geben leise, piepsende Rufe von sich und machen der Partnerin ab und zu ein Hochzeitsgeschenk, indem sie sie mit einem Insekt füttern. Daraufhin bettelt das Weibchen, flattert also wie ein Jungvogel mit den Flügeln und ahmt auch das Betteln des Jungen nach. Dadurch testet sie den potenziellen Partner auf seine Eignung zum Vater. Reagiert er auf ihre Kindchensignale mit dem Anbieten einer Raupe, hat er schon mal gute Karten. Ein Meisenpaar muss mitunter bis zu acht Junge gleichzeitig großziehen, und so braucht das Weibchen bei den gewaltigen Aufgaben der Eierproduktion und des Fütterns der rasch wachsenden Jungen Hilfe. Dabei kam mir der Gedanke, dass die schwierigste und zeitaufwendigste Aufgabe, die ein Saftleckerweibchen zu bewältigen hat, vielleicht nicht im Füttern des Nachwuchses, sondern im Bereitstellen der Nisthöhle besteht.

Saftlecker hämmern im Gegensatz zu den meisten anderen Spechten nicht der Nahrung wegen im Holz herum. Um an den zuckerhaltigen Baumsaft zu gelangen, den sie anschließend auflecken, hauen sie Kerben in die Rinde lebender Bäume und ernähren sich von den Insekten, die von derselben Nahrungsquelle angelockt werden. Deshalb ist das Zimmern einer Nisthöhle aus dem festen Holz, die dem Nachwuchs als sicheres Zuhause dienen soll, für Saftlecker schwere Arbeit – dem Füttern hungriger Nestlinge nicht unähnlich. Bei Vögeln, die in offenen, exponierten Nestern nisten, muss die Aufzucht der Jungen zügig vonstatten gehen, da diese darin Beutegreifern mehr oder weniger hilflos ausgeliefert sind. Das setzt ein rasches Wachstum der Nestlinge voraus und das wiederum das Heranschleppen riesiger Nahrungsmengen durch die Elternvögel, und zwar in möglichst kurzer Zeit. Befinden sich die Jungen allerdings an einem sicheren Ort, wie beispielsweise in einer Höhle in massivem Holz, stehen die Eltern bei der Nahrungsbeschaffung viel weniger unter Druck; was ein Vogeljunges in einem offenen Nest etwa innerhalb einer Woche verschlingt, hält bei einem Jungvogel in einer geschützten Nisthöhle vielleicht zwei bis drei Wochen. Aus diesem Grund braucht ein Saftleckerweibchen einen Partner, der kräftig, geschickt und willens genug ist, in festem Holz herumzuhämmern und eine Nisthöhle für den Nachwuchs bereitzustellen. Und gibt es einen besseren Indikator für all diese Eigenschaften als die Lautstärke und Dauer des Trommelns?

Ich war aufgeregt: Ich hatte eine Hypothese! Stimmte sie, legte sie nahe, dass der Nestbau bei Saftleckern vorwiegend dem Männchen vorbehalten ist. Das wäre höchst ungewöhnlich, weil es normalerweise fast immer die Weibchen sind, die das Nest bauen, während die Männchen lediglich dabei zusehen. (Obwohl es Ausnahmen gibt wie Webervögel und Zaunkönige, bei denen die Männchen mit dem Nestbau beginnen, um das andere Geschlecht anzulocken, die Weibchen es aber fertigstellen, wenn sie den betreffenden Partner akzeptieren.)

Nun können Hypothesen aber beeinflussen und irreführen, wenn sie

In der Krone einer Amerikanischen Zitterpappel geht ein Saftlecker zu Beginn des Frühjahrs seiner namensgebenden Tätigkeit nach, während sich eine Meise unter ihm ebenfalls am Saft des Baums gütlich tut.

zu früh aufgestellt werden. Hat man jedoch erst einmal einen Datensatz, geht nichts über eine solche Hypothese, wenn man Fortschritte in eine zumindest vorläufige Richtung machen will. Passen die Fakten zusammen, ist man der Lösung des Rätsels einen bedeutenden Schritt näher gekommen. Ich hatte also eine Hypothese, und war sie korrekt, so musste sie nicht nur zu einer Tatsache, sondern zu zahlreichen Fakten der Lebensweise dieser Spechte passen.

Ich habe in Vermont einmal aus purem Spaß an der Freude eine Untersuchung an einhundertsechsundsiebzig Amerikanischen Zitterpappeln durchgeführt, die die Waldwege säumten, auf denen ich mich öfter aufhielt. Darunter waren zwölf von dem *Fomes*-Zunderschwamm befallen, von denen wiederum fünf Saftleckerlöcher aufwiesen; in den restlichen einhundertvierundsechzig untersuchten Bäumen fanden sich keine Saftleckerlöcher. Daraus schloss ich, dass die meisten Saftlecker ihre Nisthöhlen in den Pappeln mit einem von dem Pilz aufgeweichten Kern anlegen. Der *Fomes*-Zunderschwamm infiziert die Mitte des Baumstamms und bildet außen am Stamm einen hufförmigen Fruchtkörper aus; anscheinend dient er den Saftleckern als eine Art Markierung, wo sie ihr Nest aushöhlen können. Eine Pappel ohne Pilzbefall würde für einen Saftlecker eine schwierige, wenn nicht gar unmögliche Aufgabe darstellen – der Pilz aber erleichtert ihm die Arbeit ungemein. Allerdings sind die Fruchtkörper des Zunderschwamms für das ungeübte Auge nicht immer leicht zu erkennen. Hat ein Saftleckermännchen also einen passenden Baum entdeckt und dem Weibchen gezeigt, tut es der potenziellen Partnerin damit einen großen Gefallen, auch wenn keine Nisthöhle gezimmert wird. Nun wollte ich herausfinden, ob männliche Saftlecker die Weibchen zu geeigneten Nistbäumen führen und ob sie die Hauptarbeit beim Zimmern der Nisthöhle übernehmen. Die Nistzeit der Spechte hatte gerade begonnen, und so musste ich sie nicht nur an ihrem Trommelbaum, sondern auch im umgebenden Wald beobachten.

Da sich die Blattknospen noch nicht entfaltet hatten, war es noch relativ einfach, den Vögeln zwischen den Bäumen zu folgen. Dass sie zu dieser Zeit ziemlich laut waren, vereinfachte die Angelegenheit zusätzlich: Die Saftleckerpaare schienen durch Rufe und Trommeln untereinander in Verbindung zu bleiben. Ich hatte bis dato nicht gewusst, dass auch die Weibchen trommeln. Doch verglichen mit dem widerhallenden Hämmern der Männchen ähnelte das ihre eher einem Klopfen und besaß zudem ein anderes Klangmuster, wenngleich auch das Klangmuster des Männchens variierte.

Zurück in Vermont begann ich mit einer Saftleckstelle an einer Papier-Birke. Ein Weibchen hielt sich gerade auf dem Baum auf, das Männchen saß auf dem daneben. Beide gaben einige Trommelwirbel von sich, weshalb ich annahm, dass es sich bei ihnen um ein Paar handelte. Anschließend machte ich mich zur Lichtung und zu meinem Apfelbaum auf, um dort nach weiteren Saftleckern Ausschau zu halten. Bald darauf fand ich auch welche: Ich hörte ein lautes Geraschel, lief darauf zu und sah drei der Spechte in der Ferne verschwinden. Am Ende sollte ich den Tieren fast eine Stunde lang durchs Unterholz nachjagen.

Das Trio flog zwischen den Bäumen hindurch und ließ sich ab und zu nieder, um miteinander zu interagieren; wenn ich dann endlich bei den Vögeln ankam, waren sie meist schon wieder unterwegs, und ihr Rufen und Trommeln begann andernorts von Neuem. Ich lief die Ostseite eines Hügels hinauf und hinunter, doch holte ich die Spechte schließlich ein, war ich so außer Atem, dass ich das Fernglas kaum ruhig genug halten konnte – geschweige denn, dass die Vögel von sich aus stillgehalten hätten –, um das Weibchen zuverlässig vom Männchen zu unterscheiden. Nach einer Weile jedoch wurde mir klar, dass ich mich insgesamt kaum vom Fleck bewegt hatte und mehrmals zu demselben Pappelhain ganz in der Nähe des Apfelbaums zurückgekehrt war. Von dort aus hatte ich kein Trommeln mehr gehört – vermutlich waren es die drei Vögel, hinter denen ich herjagte, also der Trommler und die beiden Weibchen, die ihn besucht hatten.

Nach einer weiteren wilden Jagd blieb ich einfach bei den Pappeln, um die Vögel dort abzufangen. Tatsächlich erschien schon bald darauf ein einzelnes Weibchen, das ich allerdings rasch wieder aus den Augen verlor. Anschließend vernahm ich ein kurzes Trommeln hier und eine Antwort dort sowie einige lautstarke Rufe. Ich wollte unbedingt herausfinden, wer hier wem hinterherflog. Nach einer Weile schien es, als versuchten bei drei Gelegenheiten Spechtmännchen ein weiteres Männchen zu vertreiben; das Trio, dem ich folgte, bestand aus zwei männlichen und mindestens einem weiblichen Vogel. Und schließlich entdeckte ich das Epizentrum des ganzen Tumults: eine Pappel mit drei Saftleckernistlöchern. Zu diesem Baum kehrte ein Männchen wieder und wieder zurück.

Saftlecker bleiben ein und demselben Baum meist jahrelang treu, zimmern sich darin jedes Jahr jedoch eine neue Nisthöhle. Die Nisthöhlen in diesem Baum stammten aus vorangegangenen Jahren, neue waren noch keine zu sehen. Das Saftleckerweibchen trommelte in der Nähe des Baums, einmal saß das Männchen auf demselben Ast wie das Weibchen. Waren nur diese beiden Vögel anwesend, gab es keine Verfolgungsjagden. Daraus schloss ich, dass die Männchen den Männchen hinterherjagten und dass die Weibchen ihre Partner begleiteten.

Ich beobachtete, wie ein Männchen in eine alte Nisthöhle in der Pappel, der Hauptanlaufstelle der Saftlecker, spähte. Darüber hinaus klopfte der Specht mal hier, mal dort an den Stamm des Baums, vermutlich um das Holz zu testen. Daraufhin fiel mir ein gelblicher Fleck am Stamm auf, etwa fünfzig Zentimeter unterhalb einer alten Nisthöhle. Was genau der Fleck war, wurde mir erst klar, als der Specht mehrere Minuten darauf herumhackte: Er entfernte die gräulich-grünliche äußere Rinde, die Borke, und legte die hellere innere Rinde, den Bast, so frei, dass am Ende etwa die Form und Größe eines Nisthöhleneinfluglochs entstanden waren. Damit hatte der Specht gewissermaßen seine Initialen hinterlassen und den Baum als den seinen markiert. Er hatte einen Nistbaum gefunden und beanspruchte ihn nun für sich und seine Partnerin.

Während der Vogel mit dem Baum beschäftigt war, gab ein weiterer Saftlecker in mindestens einhundert Meter Entfernung kreischende Rufe von sich. Das nistende Männchen, das ich später als den Trommler identifizierte, flog in typischem Spechtflugstil in Richtung der Rufe davon und versuchte, den Rivalen nicht weniger lautstark zu vertreiben.

Nachdem ich den Vögeln wie ein Verrückter durch den Wald gefolgt war, hatte ich schließlich ihre zentrale Stelle gefunden – ihren Nistbaum. Zu diesem Zeitpunkt musste ich nach Vermont zurückkehren, doch als ich neun Tage später wiederkam, war das Männchen schon tief in den Baumstamm vorgedrungen und mir stellte sich eine zweite Frage: Ist hier dem Männchen oder dem Weibchen der härteste Teil der Nestbauarbeit überlassen?

Während der neun Tage, die ich in Vermont verbracht hatte, hatte ich ein anderes Saftleckerpaar beobachtet. An vier verschiedenen Bäumen hatte ich begonnene Nisthöhlen entdeckt und an einem einzelnen Baum vierzehn alte (oder nur teilweise fertiggestellte) Nester aus vorangegangenen Jahren. Das Paar hatte sie untersucht und damit Interesse am Nisten angedeutet. Und tatsächlich hatten die beiden Vögel begonnen, einige Male bis zu zehn

Minuten lang an einer »Sondierungshöhle« im sehr dicken Stamm einer Großzähnigen Pappel mit Zunderschwammbefall zu arbeiten. Kurz darauf allerdings hatte das Paar diesen Baum aufgegeben und war zu einer nahe gelegenen Amerikanischen Zitterpappel – ebenfalls mit Zunderschwamm – umgezogen. Die Nisthöhle an diesem Baum war bald so weit fortgeschritten, dass der gesamte Kopf des Spechtmännchens darin verschwand. Doch auch diesen Baum hatte das Paar aufgegeben, wahrscheinlich weil er, wie ich entdeckte, hohl war: Der Pilz hatte das gesamte Innere zersetzt, und so hätte das Nest keinen Boden gehabt. Offenbar ist es gar nicht so leicht, einen geeigneten Nistbaum zu finden, und auch das Weibchen ist bei der Auswahl und beim Bau der Nisthöhle alles andere als untätig.

Was dabei wirklich vor sich geht – das erfuhr ich in der Woche, in der ich den Saftleckern durch den Wald folgte –, ist noch viel interessanter, als ich gedacht hatte. Ich beobachtete, wie ein Spechtweibchen direkt zu der von einem Männchen begonnenen Nisthöhle flog, sich davor setzte und mehrere *hey*-Rufe ausstieß. Dann verschwand es immer wieder mit dem Kopf in der Höhle, mindestens zwanzigmal hintereinander. Anschließend schlüpfte es noch tiefer hinein – bis zu den Schultern. Die Schwanzfedern und der gesamte Körper des Vogels vibrierten, als höhlte er das Nest weiter aus. Nach elf Minuten zog sich das Saftleckerweibchen aus der Nisthöhle heraus, ließ vier laute, kreischende Rufe ertönen und flog davon. Drei Minuten später war die Spechtdame wieder da und setzte sich still vor die Nisthöhle. Dann kam das Männchen: Es flog zu ihr, rief und flog wieder davon – mit ihr im Schlepptau. Als Nächstes kehrte das Männchen zur Nisthöhle zurück, schlüpfte hinein und begann dort unverzüglich mit der Aushöhlarbeit. Da er nun viel tiefer in der Höhle verschwand als sie, musste sie nur ein wenig in der Nähe des Einfluglochs herumgehämmert haben. Kurz darauf bekam er Besuch von ihr, wobei sie sich nur still auf einen nahe gelegenen Ast setzte. Er hingegen hämmerte ohne Pause und sehr laut fünfundzwanzig Minuten lang. Nach einer Weile flog sie weg, kam wieder, rief drei Mal und nahm ihren Sitzplatz am Eingang der Nisthöhle wieder ein. Dort erschien nun auch das Männchen, und wie zuvor flogen beide Vögel in Richtung ihrer »Saftlecke« an dem Zucker-Ahorn-Baum davon. Dann kam das Männchen wieder und setzte seine Arbeit neunzehn Minuten lang fort, bevor es sich erneut am Zucker-Ahorn stärkte. Gegen Mittag hämmerte es noch einmal an der Höhle herum, dieses Mal einundvierzig Minuten lang. An diesem Tag prüfte ich die Höhle bis neunzehn Uhr fünfundvierzig vier weitere Male und beobachtete noch zwei Arbeitssitzungen des Männchens, die einmal vierundzwanzig und einmal neunzehn Minuten dauerten.

Das Weibchen besuchte die Niststätte häufig, meist aber nur als Beobachterin oder Inspizientin, und wenn es sich am Aushöhlen beteiligte, dann allenfalls halbherzig. Meine Annahme war also bestätigt: Tatsächlich verrichtet das Saftleckermännchen den Großteil der Arbeit. Dass das Männchen das Weibchen füttert, habe ich dabei allerdings nie beobachtet, höchstens indirekt, indem es die »Saftlecken« vorbereitet. Trotzdem arbeitet auch das Weibchen am gemeinsamen Bruterfolg mit. Während er die Nisthöhle zimmert, jagt sie Insekten und sammelt so das Protein, das sie zur Produktion des Geleges braucht.

Aus späteren Beobachtungen, einem vierten Versuch, in einer anderen Zitterpappel mit Pilzbefall eine Nisthöhle zu zimmern, schloss ich die folgenden Abläufe. Das Weibchen zeigt sich interessiert daran, ob, wo und eventuell auch von wem ein Nistplatz vorbereitet wird, und signalisiert durch die symbolische Beteiligung an der Arbeit seine Zustimmung. Dies wiederum signalisiert dem Männchen, dass es nun übernehmen und die Nisthöhle fertigstellen kann. Inspiziert das Weibchen die Nisthöhle, scheint dies das Männchen in seinen Anstrengungen neu anzuspornen. Vermutlich lockt das Trommeln des Männchens das Weibchen an, und taucht sie auf, führt er sie zur zuvor gefundenen Niststätte. Findet sie Gefallen an dieser, zeigt sie ihm das, indem sie symbolisch ihre Hilfe anbietet, woraufhin er ernsthaft mit dem Nestbau beginnt.

Schließlich wurde ich auch Zeuge einer Paarung. Da das Weibchen direkt vor der Nisthöhle saß, erwartete ich, dass es hineinschlüpfen würde. Doch ich wartete und wartete, und das Weibchen saß weiter einfach da und putzte sich das Gefieder. Nach einer Dreiviertelstunde begann sie, das gesamte Äußere der Nisthöhle scheinbar lustlos abzuklopfen. Sie spähte hinein und klopfte dann nur ganz leicht ein wenig weiter. Daraufhin kam das Männchen zu ihr geflogen, und sie begann nun, lautstark zu hämmern, als benutzte sie die Nisthöhle als Trommel. Im typischen Spechtbalzflug, der so viel wie »Folge mir« bedeutet, flatterte das Männchen auf einen nahe gelegenen Ast. Anschließend kam er zurück, sie trommelte wieder und er flatterte erneut davon. Beim dritten Versuch schließlich folgte sie ihm zu seinem Ast, wo sie sich paarten. Danach flog sie umgehend davon, und er schlüpfte in die Nisthöhle. Während er weiterarbeitete, waren am Einflugloch die Spitzen seiner Flügel zu sehen, das Nest war demnach ungefähr halb fertig. Sicherlich war auch das Weibchen nun beschäftigt, nur im Wald. Das Legen von fünf bis acht Eiern erfordert jede Menge Eiweiß, das der Vogel über Insekten zu sich nimmt. Das Spechtmännchen deckte seinen Energiebedarf in der Zwischenzeit über die »Saftlecken«, die es angelegt hatte. Davon befanden sich immer ein paar in praktischer Nähe.

Als die Nisthöhle nach rund sechzehn Tagen beinahe fertig war, beteiligte sich das Weibchen wieder am Nestbau, indem es Holzspäne aus dem Einflugloch warf. Wie ich erwartet hatte, hörte das Trommeln des Männchens zu diesem Zeitpunkt fast ganz auf. Nun stand die Bebrütung unmittelbar bevor. Zucker-Ahorn und Buchen hatten Blätter getrieben, was die Sicht im Wald einschränkte. Beim Bebrüten der Eier wechselte sich das Paar ab, und auch beim Füttern der stimmkräftigen Jungen herrschte augenscheinlich gerechte Arbeitsteilung.

Wie alle Spechtjungen so veranstaltete auch der Saftleckernachwuchs von Anfang an einen ungeheuren Radau. Die Schlüpflinge können es sich leisten, laut und nahezu ununterbrochen um Futter zu betteln, weil ihr Nest im Gegensatz zu denen der meisten anderen Vögel einer wahren Festung gleicht, die mit großem Aufwand und Expertise von beiden Eltern erbaut wird. Die Schlüpflinge anderer Waldvögel müssen mit rasch zusammengezimmerten und viel weniger robusten Nestern vorliebnehmen, in denen sie mehr oder weniger ungeschützt sind und deshalb nicht auch noch durch lautes Rufen auf sich aufmerksam machen sollten. Sie betteln nur kurz und leise und nur dann, wenn sich ein Elternvogel in unmittelbarer Nähe des Nests befindet.

Mittlerweile ergab sich aus meinen Beobachtungen eine konsistente Geschichte, über die ich mich immer wieder freue, wenn ich zu Beginn des Frühjahrs einen Saftlecker trommeln höre. Die Spezies besteht aus ganz erstaunlichen Trommeltalenten; bei dem meist glückenden Versuch, laut zu sein, überschlagen sich die Männchen fast. Insbesondere bei noch ungeübten Individuen braucht das Weibchen beim Bau der Nisthöhle einen Partner, der bereit und fähig ist, bei diesem wichtigen Schritt im Fortpflanzungsprozess zu helfen. Und da kommt dem Saftleckerweibchen ein vehementer Trommler, der durch Lautstärke überzeugt, gerade gelegen – allerdings nur wenn er auch »liefert«, die Nestbauarbeit also übernimmt.

Um herauszufinden, ob die Studien anderer meine Hypothese widerlegten oder stützten, griff ich zu den auf der Hand liegenden beiden Quellen: Arthur Cleveland Bents *Life Histories of North American Woodpeckers* und Lawrence Kilhams *Life History Studies of Woodpeckers of Eastern North America*. In beiden fand ich sowohl bestätigende Beobachtungen als auch widersprüchliche Interpretationen. Zu meiner Erleichterung bezog sich jedoch weder das eine noch das andere Werk in irgendeiner Weise auf meine Trommelhypothese, wenngleich beide im Großen und Ganzen bestätigten, was ich gesehen hatte. Ich fand Passagen darüber, dass sich männliche Saftlecker am Nestbau beteiligen, aber nichts darüber, in welchem Zusammenhang dies mit dem Trommeln steht oder warum sich der Nestbau der Saftleckermännchen möglicherweise von dem anderer Spechte unterscheidet.

Meine Beobachtungen aus dem Jahr 2012 führte ich im darauffolgenden Frühling fort, dann allerdings weitaus detaillierter und in Verbindung mit einem Experiment. Größtenteils bestätigten diese meine Entdeckungen vom Vorjahr, weshalb ich hier nur das Experiment und sein Ergebnis zusammenfassen möchte.

Das Saftleckernest, das ich 2012 beobachtet hatte, lag rund zweihundert Meter von der Trommel des Spechtmännchens an dem alten Apfelbaum entfernt. Später besuchten die Elternvögel und die flügge gewordenen Jungen die Birke am Fenster meiner Blockhütte, um sich dort an den Roten Waldameisen zu bedienen, die eine Straße vom Fuß des Stamms bis zur Blattlauskolonie in der Baumkrone angelegt hatten. Mit den Ameisen nahmen die Saftlecker zusätzlich zu dem Zucker, den die Insekten in ihre Nester transportierten, auch Eiweiß auf; den Zucker erhielten die Ameisen von den Blattläusen, die ihn wiederum über den Baumsaft erhielten. Ein wahres Saftleckerparadies also, in dem Trommel und Nahrungsquelle beinahe direkt nebeneinander lagen, was die Frage aufwarf, was wohl wäre, wenn sich auch der Nistbaum in unmittelbarer Nachbarschaft zur Trommelstätte des Männchens befände. Würde das Männchen dann immer noch in den Wald fliegen, sobald sich ein Weibchen zeigte? Oder würde der Specht bei der Trommel bleiben, die ja nun ganz nah am idealen Nistplatz lag? Und angenommen, er flog nicht weg: Würde das Weibchen den Ort dann trotzdem als Nistplatz akzeptieren?

In der Hoffnung, das Saftleckerpaar würde 2013 für ein neues Gelege zurückkehren, fällte ich die Pappel, in der die Vögel genistet hatten, und platzierte mithilfe einiger Freunde ein vier Meter langes Stück des Pappelstamms neben der »Megatrommel« am Apfelbaum. Dazu hatte ich das Stück Stamm ausgewählt, in dem sich die 2012 gezimmerte Nisthöhle befand. Als im nächsten Frühjahr dann tatsächlich ein Saftleckermännchen erschien, flog es umgehend zu seiner Trommel. Zudem interessierte es sich ebenfalls umgehend für den Pappelstamm neben der Trommel und die alte Nisthöhle. Es dauerte nicht lange, bis sich ein Weibchen zu ihm gesellte, den Pappelstamm seinerseits untersuchte und auch in die Nisthöhle spähte.

Meines Wissens benutzen Saftlecker keine alten Nisthöhlen. Und auch dieses Männchen begann, sich im nahe gelegenen Wald eine neue Höhle zu zimmern. Da es auf Anhieb keine Pappel fand, hämmerte es ein Testloch in einen toten Ahornbaum. Daran allerdings zeigte sich das Weibchen nicht im Geringsten interessiert, und so brach das Männchen den Nestbau zunächst ab und widmete sich stattdessen seiner »Megatrommel«. Anschließend kehrte es zum ehemaligen Nistplatz zurück und begann dort mit dem Klopfen und Hinauswerfen des Abfalls. Die Saftlecker nisteten am Ende tatsächlich in ihrer alten Nisthöhle, was mich sehr überraschte.

Es war wunderbar, sie dort zu beobachten – bis die beiden Vögel an einem heißen Sommertag plötzlich in bizarrer Rage an dem Baum herumhackten. Doch war es nicht eigentlich das Holz, das sie wegpickten, sondern Ameisen. Einige der Ameisen wurden von den Spechten gefressen, andere würgten die Vögel wieder hoch oder schleuderten sie schlicht beiseite.

Eine Kolonie Roter Waldameisen hatte das Nest genau in dem Augenblick entdeckt, als die jungen Saftlecker zu schlüpfen begannen, und bevor ich es mich versehen konnte, waren die Jungen und das ganze Gelege vernichtet. Ich fand in der verlassenen Nisthöhle nur noch ein paar Eierschalen und die üblichen Überreste eines Nests Roter Waldameisen.

5
Streifenkauzgespräche

Das Wort »Gespräch« scheint in diesem Zusammenhang schlecht gewählt. Eulen sprechen nicht. Dem Volksmund zufolge rufen sie »Huhu«, und auch das nur selten, weshalb es mittlerweile kaum noch Menschen gibt, die jemals den Schrei einer Eule gehört haben. Ich allerdings höre sie seit dreißig Jahren: Ich habe sie als Kind in den Wäldern von Maine gehört und höre sie noch heute auf meinem Hügel in der Nähe meiner Blockhütte. Nicht alle Eulen jedoch rufen »Huhu«; der Sägekauz etwa gibt ein schrilles, eine Sekunde langes Pfeifen von sich, das er ohne wahrzunehmende Variationen mit rund halbsekündigen Pausen dazwischen monoton stundenlang wiederholt. Der winzige Vogel klingt wie ein Wagen der städtischen Müllabfuhr im Rückwärtsgang, wie eine quietschende Schaukel oder – wie der Name eben sagt – wie das Schneiden einer Säge. Der Gesang des Sägekauzes veranlasste mich dazu, Nistkästen in Fichtengehölzen anzubringen, in der Hoffnung, damit ein nistendes Paar anlocken zu können. Die Hoffnung war leider vergeblich. Im Winter des Jahres 2007, in dem ein Virginia-Uhu-Paar in einem Kiefernhain neben meiner Hütte nistete, hörte ich nach Mitternacht oft das tief nachhallende *Hu-hu huuh hu-hu* der Vögel. Näher kannte ich das Paar nicht, obwohl sich mehrere Jahre zuvor ein Virginia-Uhu, den ich Bubo nannte, hier mindestens zwei Jahre lang niedergelassen hatte. Ich hatte gehofft, er wäre zurückgekehrt.

Eulen sind für uns beinahe unsichtbar, wir nehmen sie meist nur dann wahr, wenn sie rufen. In besagtem Winter übernahm ein Eulenpaar das Nest, das meine Raben im Jahr zuvor gebaut und benutzt hatten. Im März – die Temperatur war auf fast vierunddreißig Grad Celsius unter null gefallen – hörte ich die Raben aufgeregt an ihrem Nistplatz krächzen. Ich lief hinaus, um nachzusehen, und konnte gerade noch einen Virginia-Uhu erkennen, der vom Nistbaum der Raben davonflog. Als ich die hohe Kiefer in Richtung des Nests hinaufkletterte, überraschte mich ein zweiter Uhu, der aufflog und dabei verärgert rief. Die beiden Eier des Paars lagen in einer Schneevertiefung; entweder hatten die Vögel eine Mulde im tiefen Schnee auf dem Rabennest gegraben, oder frisch fallender Schnee hatte sich um den brütenden Elternvogel herum aufgetürmt. Auch in anderen Jahren fand ich Beweise für die Anwesenheit der Eulen: ein halb aufgefressenes Raufußhuhn in der Astgabelung eines großen Zucker-Ahorns versteckt oder Raufußhuhnüberreste im Schnee. In einem Jahr töteten die Eulen mindestens zwei eben erst flügge gewordene Junge aus Goliaths und Whitefeathers Nest, ein Rabenpaar, dessen Familie ich beobachtete. Und 2010 berichtete mein Nachbar Dionel Witham mir von einer »großen Eule mit Ohren«, die er in einer Kiefer auf seinem Grundstück gesehen hatte. Ich vermutete, dass es Bubo war, sicher sein konnte ich mir jedoch nicht.

In all diesen Jahren habe ich nie einen Streifenkauz gehört oder gesehen – vielleicht weil er ins Beutespektrum des Virginia-Uhus fällt.

Rufe geben Eulen in erster Linie kurz vor der Nistzeit von sich, die beim Virginia-Uhu etwa zur Wintersonnenwende beginnt und beim Streifenkauz einen bis zwei Monate später. Der charakteristische Ruf des Streifenkauzes, das *Whohú-buhóoh,* ist weithin bekannt. Weit weniger bekannt sind seine unheimlich klingenden spitzen Schreie, die an das gackernde Gelächter eines Irren erinnern. Dieses Katzengejammer mitten in einer ansonsten stillen Nacht lässt einem die Haare zu Berge stehen. Als mögliche Quelle des Geräuschs fallen einem spontan auch Wildkatzen oder Bären ein. Jedenfalls hört es sich in unseren Ohren ganz und gar nicht nach dem an, was es ist: eine Einladung zur Balz.

In den Wintern der Jahre 2011 bis 2013 hörte ich in den Wäldern um meine Blockhütte gar keine Eulenrufe, was selbstverständlich die Vermutung nahelegte, dass sich zu dieser Zeit auch keine Eulen dort aufhielten. Bis zur Nacht vom 3. April 2013, in der ich einen »kräftigen Eulenschrei«, wie ich damals festhielt, vernahm. Also war doch eine in der Nähe! Daran herrschte absolut kein Zweifel. Angesichts des Waldhabitats und der ganz anders klingenden Rufe des Sägekauzes konnte es sich bei dem, was ich gehört hatte, nur um einen Streifenkauz oder einen Virginia-Uhu handeln. Zuvor waren im Wald mehrmals Blauhäher zu hören gewesen, die möglicherweise auf eine Eule hassten; doch jedes Mal, wenn ich nachsah, war es plötzlich still und ich sah gar nichts – bis auf ein Mal, als einige frische Blauhäherfedern im Schnee lagen.

Ich fragte mich, wie eine Eule im tief verschneiten Winter im Wald um meine Hütte herum wohl überleben konnte. Wie konnte sie Spitz- oder andere Mäuse unter der dicken Schneedecke fangen? Am Tag nach dem »kräftigen Eulenschrei« allerdings bekam ich einen weiteren Beweis dafür, dass sich eine Eule in der Nähe aufhielt. Ich war gerade auf dem Weg zum Brunnen, um Wasser zu holen, als ich keine hundert Meter von der Hütte entfernt auf dem Schnee unter einem Ahornbaum ein Eulengewölle fand. Ich konnte mich nicht erinnern, jemals ein so großes Gewölle gesehen zu haben: Es war siebeneinhalb Zentimeter lang und drei Zentimeter breit. Stammte es vielleicht von einem Virginia-Uhu?

Da ich neugierig war, was die Eule wohl gefressen hatte, nahm ich das Gewölle auseinander. Überraschenderweise enthielt es den vorderen Teil von jeweils fünf Schädeln der Kurzschwanzspitzmaus, *Blarina brevicauda*, sowie die dazugehörigen Kieferknochen. Die Eule hatte also fünf der recht großen Mäuse verschluckt. Ob sie nur die Köpfe gefressen hatte, konnte ich nicht mit Sicherheit sagen, denn andere Knochen waren in dem Gewölle nicht zu finden. Es sah so aus, als sei diese Eule recht wählerisch und hätte eine besondere Vorliebe für Gehirn; darüber hinaus bediente sie sich einer systematischen Tötungsmethode, da jede Hirnschale auf dieselbe Weise aufgebrochen und entfernt worden war.

Die ziemlich stämmigen Mäuse sind ohne Schwanz etwa zehn Zentimeter lang. Ähnlich wie Maulwürfe haben auch sie keine erkennbaren Augen und leben im Boden oder zumindest unter heruntergefallenem Laub, das jetzt allerdings von einer dreißig Zentimeter dicken, kompakten Schneeschicht bedeckt war. Wie war es der Eule gelungen, auch nur eine dieser Mäuse zu fangen, ganz zu schweigen von fünf, und das in einer offensichtlich so kurzen Zeit? Dafür konnte ich mir nur einen Ort vorstellen: die Futterstation, die mit ungeschälten Sonnenblumenkernen bestückt in der Birke neben meinem Fenster hing.

Die Meisen, Kleiber und auch Finken lassen häufig Kerne auf den Schnee fallen, und um die Futterstation herum waren mir die Gräben und Spuren kleiner Säugetiere aufgefallen, die aus dem Schnee aufgetaucht waren, um die Reste zu fressen. Die Eule hatte möglicherweise jede Nacht in der Birke gelauert – ohne dass ich auch nur das Geringste davon mitbekommen hätte! War es Bubo?

Zum Nisten war es zu dieser Jahreszeit für Virginia-Uhus und möglicherweise auch für Streifenkäuze zu spät. Aber vielleicht würde die Eule im nächsten Jahr zurückkommen, wenn sie in der näheren Umgebung einen geeigneten Nistplatz entdeckt hatte? Also machte ich mich noch am selben Tag an die Arbeit und bastelte aus einem hohlen Apfelbaum, den ich beim Anlegen meines winterlichen Holzvorrats übrig gelassen hatte, einen großen Nistkasten. Ich sägte ein kurzes Stück Stamm ab, schnitt oben ein Loch hinein und fügte unten, oben sowie an einer Seite zusätzlich Holzstücke hinzu; mit letzterem Stück wollte ich das künftige Eulenhaus an einen Baum anbringen. Ich nagelte es in rund sechs Meter Höhe an einem Rot-Ahorn ganz in der Nähe der Stelle fest, an der ich das Gewölle gefunden hatte. Das Einflugloch hatte ich so groß gemacht, dass sowohl der Streifenkauz als auch der Virginia-Uhu im Haus Platz finden würde.

Vier Monate vergingen, bevor ich wieder eine Eule hörte; dieses Mal allerdings waren es sogar zwei Eulen, die einander riefen und sich gegenseitig antworteten. Das war am 29. August, der als »Nacht des Streifenkauzes« in meine Notizen einging. Das unverwechselbare *Whohú-buhóoh* des Streifenkauzes kam beinahe exakt aus der Richtung, in der ich das Eulenhaus angebracht hatte. Gegen Morgengrauen folgte ein weiteres, langes Hin-und-her-Rufen, das dieses Mal eine ganze Stunde lang anhielt. Die Rufe klangen aufgeregt. Aus dem Osten kamen schwere Regenfälle und heftige Windböen, die das Laub über die Erde fegten. Unter diesen Umständen würde noch nicht einmal eine Eule das Rascheln von Tieren auf dem Waldboden hören oder sie darauf herumhuschen sehen, weshalb die Aufregung des Paars wahrscheinlich nicht dem Mäusefang geschuldet war.

In der darauffolgenden Nacht hörte ich gegen ein Uhr morgens eine der Eulen direkt neben meiner Blockhütte. Sie muss gerade in meine Richtung geblickt haben, denn das Geräusch war ziemlich laut. Dieses Mal war es jedoch nicht das gewöhnliche *Whohú-buhóoh,* sondern ein einzelnes, ausgesprochen lang gezogenes *Whooo,* das ansteigend endete. Nur ein Ruf – dann, etwa zwei Minuten später, ein weiterer. Dann folgte eine lange Pause, und anschließend waren aus der Ferne drei ähnliche *Whooo*s zu hören. Danach herrschte wieder Stille.

Warum riefen die Eulen ausgerechnet jetzt, gegen Ende des Sommers und weit außerhalb der Brutzeit? Das Timing passte ganz und gar nicht zur Standardannahme, warum und wann Eulen rufen: in der »süßen Qual des Liebeswerbens« nämlich. Die beiden Vögel tauschten sich aus und übermittelten dabei unzweifelhaft Informationen. Aber welche? Ich hatte keinen blassen Schimmer. Von diesem Zeitpunkt an machte ich mir jedes Mal, wenn sie riefen, detaillierte Notizen, beschrieb minutiös, was sie »sagten«, in der Hoffnung, irgendwann ein Muster zu erkennen, aus dem ich die Bedeutung dessen ableiten konnte.

Zunächst schien ein Fortschritt dabei möglich, da ich die Eulen jede Nacht hörte. Den ganzen September hindurch bis in den Oktober hinein rief die Eule, die sich in der Nähe aufhielt – und manchmal auch eine weiter entfernte –, in der Abenddämmerung, hin und wieder mitten in der Nacht und gelegentlich sogar mitten am Tag – am lautesten aber meist kurz vor Morgengrauen oder bei Anbruch des Tages.

Wochenlang kam es zwischen meiner (der nahen) Eule und einer weiter nördlich zu einem lebhaften Dialog, bis von November bis Ende Januar nur noch meine rief, und das zudem selten. Im Februar aber, als ich annahm, die Balz stünde kurz bevor, herrschte jede Nacht Stille.

In all den Monaten hörte ich den unheimlichen Ruf, der angeblich wie eine laut kreischende Verrückte klingt, nur ein einziges Mal, in der Abenddämmerung des 4. Oktober. Ganz in der Nähe meiner Blockhütte hatte um sechzehn Uhr eine Eule kurz gerufen, und eine andere hatte ihr aus einiger Entfernung geantwortet. Die antwortende Eule kam näher, und kurz darauf begann das Katzengejammer. Wurde ich hier Zeuge eines Showdowns unter Revierrivalen oder der Wiedervereinigung eines Liebespaars? Ich konnte mir einen solch einzigartigen stimmlichen Austausch nicht erklären. Andererseits war noch vieles andere an den »Gesprächen« der Eulen einzigartig.

Normalerweise war es meine Eule, die als erste zu Gesprächen mit sich selbst oder auch anderen anhob. Im Morgengrauen des 13. Oktober rief sie sechsundzwanzigmal hintereinander. Statt des gewöhnlichen viersilbigen

Whohú-buhóoh bestanden die Rufe dieses Mal aus zwei dieser Phrasen, die der Vogel zu einer achtsilbigen Lautäußerung verwob. Bei solchen achtsilbigen Rufen ist die letzte Silbe häufig zu einem ausgedehnten *Whooo* verlängert, das entweder ansteigend oder absteigend endet und manchmal als Tremolo vorgebracht wird. An diesem Tag aber fehlte der abschließende Tonanstieg oder -abfall. Vier Minuten nach dem sechsundzwanzigsten Ruf antwortete die weiter entfernte Eule, die sich vielleicht einen Kilometer weiter nördlich aufhielt, mit vier ähnlichen Rufen. Mitten am Nachmittag, im schönsten Tageslicht, rief meine Eule erneut, allerdings nur sechsmal, und eine andere antwortete umgehend, aber kurz. Am nächsten Morgen ließ meine Eule einen Ruf verlauten, den ich noch nie zuvor gehört hatte: ein lang gezogenes, vielsilbiges Kreischen, das absteigend endete und das ich damals als *arrr arrr iiiah-uuuh* in meinem Notizbuch festhielt. Am 4. November rief meine Eule nur zweimal lang *Whooo,* in der darauffolgenden Nacht sechsmal. Am 21. November hörte ich um sechs Uhr morgens von der üblichen Stelle in den Kiefern neben meiner Blockhütte aus zwanzig Wiederholungen des Standardrufs *Whohú-buhóoh,* abgesehen davon, dass jede viersilbige Sequenz wiederum doppelt geäußert wurde. Bei Anbruch des nächsten Tages waren zehn doppelte *Whohú-buhóoh*s zu hören. Am Nachmittag desselben Tages rief auch die weiter entfernte Eule, woraufhin mein Vogel rund zwei Stunden später in sieben lange, einsilbige *whooo*-Rufe ausbrach.

Danach hörte ich fünf Wochen lang keine Eule mehr und dachte schon, die beiden hätten die Gegend verlassen. Zu diesem Zeitpunkt hatte ich keine Ahnung, dass eine Eule nicht nur immer noch vor Ort war, sondern mich in meiner Blockhütte wahrscheinlich schon mindestens zwei Jahre lang beobachtet hatte.

Am 2. Januar 2014 bekam ich mit einem Schlag zwanzig neue Augen. Diese gehörten zehn Studentinnen und Studenten der University of Vermont, die gekommen waren, um meinen Winterfeldkurs über Ökologie zu besuchen: Nikki Bauman, Mike Blouin, Michelle Brown, Kat Deely, Kyle Isherwood, Stephanie Juice, Holly Kreiner, Ali Kosiba, Maddy Morgan und Andrea Urbano. Wie immer entdeckte jeder Einzelne von ihnen etwas Neues, das ich noch nie gesehen hatte, doch es war Kyle, der am dritten Tag den Streifenkauz erspähte. Der Vogel saß rund fünfzehn Meter über Kyle in einer Kiefer hinter der Blockhütte und sah ihn ruhig an. Als sich am späten Nachmittag die gesamte Klasse unter dem Baum versammelte, saß der Kauz immer noch an derselben Stelle. Wir starrten zu ihm hinauf, und er starrte einige Minuten lang zu uns herunter, bevor er sich scheinbar leicht gelangweilt zur Seite drehte.

Wie üblich trafen wir uns alle abends in der Hütte, um gemeinsam zu kochen und anschließend die Suppe sowie frisch gebackenes, köstliches Maisbrot zu genießen. Wir saßen um den warmen Ofen und die zischende Propangaslampe herum und erzählten uns gegenseitig von unseren Entdeckungen an diesem Tag. Mike beispielsweise hatte die Fährten eines Rotluchses und eines Kojoten an der Stelle gefunden, an der wir am frühen Morgen Raben hatten rufen hören. Über den Kauz hatten wir noch nicht gesprochen, bis ein Student, der mit einer Stirnlampe draußen gewesen war, wieder hereingestürzt kam und atemlos »Die Eule ist *hier!*« rief.

Wir drängten hinaus und sahen nach oben. Und tatsächlich: Da saß er, fast direkt über uns. Unser aufgeregtes Geplapper und die Taschenlampen, die ihn anleuchteten, schienen den Vogel nicht im Mindesten zu stören. Genauer gesagt, nahm er keinerlei Notiz von uns; er blickte zwar unverwandt nach unten, aber nicht zu uns, sondern in Richtung der Futterstation. Hielt er womöglich nach Kurzschwanzspitzmäusen Ausschau, die die heruntergefallenen Sonnenblumenkerne fraßen?

Ich hatte früher schon einmal Streifenkäuze im Wald gesehen, doch nie hatte einer derart zutraulich gewirkt. Dieser Streifenkauz hatte sich offensichtlich schon seit Langem an die Anwesenheit von Menschen gewöhnt, im Laufe des vergangenen Jahres in erster Linie vermutlich an meine. Wahrscheinlich stammte das Gewölle mit den fünf aufgebrochenen *Blarina*-Schädeln von ihm und nicht von einem Virginia-Uhu. Ich hatte den Kauz nur deshalb vorher nicht gesehen, weil ich im Gegensatz zu meinen Studenten und Studentinnen meist direkt nach Einbruch der Dunkelheit ins Bett gehe – es sei denn, es gibt einen guten Grund aufzubleiben. Diesen hatte ich jetzt und ich hoffte, den Kauz auch in Zukunft näher beobachten zu können.

Dort saß der Streifenkauz, als er mich an meiner Hütte besuchte.
(In dieser Zeichnung ist nur einer der Bäume des Waldes dargestellt!)

Fünf Tage später konnte ich ihn noch vor Morgengrauen von den Kiefern rufen hören. Der Streifenkauz gab zwei lang gezogene, schrille Schreie von sich, die etwas lieblicher endeten, als sie begonnen hatten. Er erhielt keine Antwort aus der Ferne. Daraufhin herrschte wieder fast einen Monat lang Funkstille.

Am 5. Februar konnte ich nicht einschlafen und hörte um zweiundzwanzig Uhr fünfundvierzig dreimal hintereinander das *Whohú-buhóoh* des Kauzes. Der Ruf war ganz deutlich und sehr nah. Beweis genug, dass sich der Vogel noch immer in der Gegend aufhielt. Ich war trotzdem überrascht, als ich sehr früh am nächsten Morgen in einem Schneesturm aus der Hütte trat und den Streifenkauz sah: bei Tageslicht auf demselben Baum, demselben Ast, demselben Fleck am Ast und in dieselbe Richtung blickend wie an jenem späten Abend vor einem Monat, als ich mit dem Kurs unter dem Baum gestanden hatte. Er beobachtete etwas am Boden und schenkte mir kaum bis keine Aufmerksamkeit, als ich unter ihm zum Nebengebäude ging; maximal zwei Minuten später war er weg. Im Schnee unter dem Baum aber zeichneten sich deutlich seine Flügelabdrücke ab.

Zur Abenddämmerung hin kehrte die Eule zurück und nahm ihren gewohnten Platz auf dem Kiefernast ein.

Meine Tagebucheintragungen zu dem Streifenkauz damals umfassten wenig mehr als die Beschreibungen seiner Rufe, die ich nachts hörte. Der Entzifferung der »Eulengespräche« war ich damit keinen Schritt näher gekommen, abgesehen davon vielleicht, dass sie sich anscheinend *viel* zu sagen hatten. Nichtsdestotrotz war ich begeistert, die Bekanntschaft einer wilden Eule in ihrem natürlichen Lebensraum gemacht zu haben. Doch das war noch nicht alles.

Eine Woche später, am 13. Februar 2014, kündigte sich ein weiterer Schneesturm an, und bei Tagesanbruch betrug die Temperatur rund minus dreiundzwanzig Grad Celsius. Ein prächtig tiefblauer Himmel verblasste zu einem Grün; hinter der gitterartigen schwarzen Silhouette der Ahornbäume erschien ein orangefarbener Streifen am östlichen Horizont, im Südosten prangte ein unglaublicher heller Morgenstern am Firmament. Ich spähte aus der Hütte, wie ich es nun jeden Morgen tat, um nachzusehen, ob der Streifenkauz da war. Ich hatte ihn seit einer Woche weder gesehen noch gehört, und auch jetzt sah ich ihn nicht. Ich machte mir eine Tasse Kaffee, lehnte mich auf der Couch zurück und nahm die Märzausgabe von *Running Times* zur Hand, in der ein von Scott Douglas verfasster Artikel über mich stand. Ich amüsierte oder besser gesagt wunderte mich über den Satz, dass »der Wettkampfrekord« meiner High-School-Querfeldeinsaison der Jahre 1957 und 1958 »in Heinrichs erstem Tagebuch« stand, »einem Büchlein, siebeneinhalb mal achtzehn Zentimeter groß, das halb Lauftagebuch, halb Naturbeschreibung« war. Ich hatte Douglas meine Notizen von damals geliehen, und er zitierte einen Eintrag von 1957, bei dem es nicht ums Laufen ging: »21. April – Streifenkauzeier zum Schlupf bereit«. (Spätere Einträge lassen vermuten, dass ich »Inkubation« meinte, aber dieser dreisilbige Begriff war 1957 offensichtlich noch nicht Teil meines Wortschatzes.) Mir war schleierhaft, wie ich über fünfzig Jahre zuvor das Inkubationsschema des Streifenkauzes hatte kennen können. Doch auf der Couch sitzend, genoss ich das Wissen, dass mein jetziger Streifenkauz in etwa einem Monat Eier legen würde.

Nach der High School musste ich als Englisch-Frischling an der University of Maine wöchentlich Essays schreiben. Zum Glück kann ich mich nur an einen dieser Versuche erinnern. Darin ging es um ein Streifenkauzpaar, das ich in seinem Nest in einer alten Linde im Wald bei Pease Pond beobachtet hatte, rund zwanzig Kilometer von meinem heutigen Wohnort entfernt. Ich hatte das Nest in den Frühjahrsferien entdeckt und war so hingerissen von den Geräuschen gewesen, die seine Bewohner machten, dass ich mich mehrere Abende hintereinander im Wald versteckte, um ihnen zu lauschen. Tatsächlich hätte mich eine Bande soeben gelandeter Außerirdischer nicht mehr fesseln können als diese Eulen. Endlich hatte ich etwas, worüber ich schreiben konnte, über das ich einfach schreiben *musste*. Ich hielt jedes einzelne Detail fest, um es später wieder und wieder in Ruhe lesen zu können. Die Noten für meine anderen Essays hatte ich wahrscheinlich verdient, doch dieser Aufsatz war mindestens die Note 2 wert! Zum ersten Mal freute ich mich darauf, eines meiner Essays zurückzubekommen. Doch dann geschah das Unvorstellbare. Ich war der Einzige im Seminar, der sein Essay nicht zurückbekam. Und als ich den Dozenten nach dem Unterricht kleinlaut danach fragte, sah er mir in die Augen, lächelte und sagte: »Ich habe es verloren.«

Ich würde heute viel für dieses Essay geben, um die Erinnerungen an meine Abende am Rand des Teichs im Frühling heraufzubeschwören. Die gerade wieder heimgekehrten Dunkelenten hatten im Dämmerlicht gequakt, später waren die Rufe der Eulen hinzugekommen. Doch diese Erinnerungen waren nichts im Vergleich zu dem, was ich kaum eine Stunde nach dem Lesen meines Tagebucheintrags vom 21. April 1957 sehen sollte.

Wie bereits erwähnt, lehnte ich mich gerade auf der Couch zurück. Plötzlich fiel mir eine Bewegung im Augenwinkel auf; ich sah nach links, und da, keine drei Meter entfernt, saß der Streifenkauz auf einem Ast der Birke. Ich beobachtete ihn rund zwanzig Minuten lang. Von Zeit zu Zeit trafen sich unsere Blicke, dann wandte sich der Kauz wieder dem Boden zu. Manchmal schien er alarmiert, und so sprach ich mit ihm; er muss mich auch gehört haben, war aber entspannt. Hin und wieder zuckte er beinahe vor Aufregung, als er sich vorlehnte und etwas unterhalb meines Fensterbretts ins Visier nahm. Auf einmal lehnte er sich weiter nach vorn und breitete leicht die Flügel aus, bevor er sich wieder entspannt hinsetzte. Anscheinend beobachtete er ein Tier, das kam und ging. Ich stand auf, um meine Kamera zu holen.

Und schon bald kam die Gelegenheit, sie auch zu benutzen. Der Streifenkauz lehnte sich erneut nach vorn, dieses Mal jedoch drehte er sich auch auf seinem Sitzplatz um und stieß dann in den Schnee hinab. Er tauchte mit einer Kurzschwanzspitzmaus in den Fängen wieder auf. Mit nur wenigen Flügelschlägen schwang er sich auf eine andere Birke, wo er die Beute mit raschen Bewegungen des Kopfes in Ganzen hinunterschlang.

Da ich hoffte, den Streifenkauz in meiner Nähe halten zu können, legte ich ein totes Eichhörnchen auf den Schnee unter seinem Sitzplatz, doch Nacht für Nacht blieb meine Opfergabe unangetastet. Am 18. Februar aber – es hatte nachts heftig geschneit – verriet mir eine längliche Furche im Schnee, dass etwas Großes am Ende einer Hirschmausfährte gelandet war – Spuren, die von der Fährte wegführten, gab es keine. An etwas Totem wie dem Eichhörnchen war der Kauz offensichtlich nicht interessiert, dafür aber an allem, was sich bewegte. Deshalb fragte ich mich, wie er seine potenzielle Beute wohl aufspürte: mit dem Gehör, durch die Bewegung, über Wärme (Infrarot wie bei einigen Schlangen) oder durch Erkennen der Form?

Mit dem Streifenkauz in meiner Nähe, dessen freigiebig gezeigte Jagdmuster geradezu zum Experimentieren einluden, konnte ich dieser Frage mehr oder weniger ungestört auf den Grund gehen. Und so begann ich, Nager für meinen Freund zu fangen, denn in diesem Fall ging Erkenntnis durch den Magen. Streifenkäuze sind, was die Art der Nahrung und die Methode des Beutefangs anbelangt, zum Glück nicht besonders wählerisch. Sie ernähren sich zwar überwiegend von Wühl-, Spitz- und anderen Mäusen sowie Vögeln, sind aber auch schon dabei beobachtet worden, wie sie Amphibien am Boden jagen, ins Wasser waten, um Krebse zu fangen, und sogar nach Fischen tauchen. Und diese Beutetiere haben alle eins gemeinsam: Sie bewegen sich. Bewegung als Indikator potenzieller Nahrung schien für einen Generalisten wie den Streifenkauz die sicherste, wenn nicht einzige Methode, in einem breiten Spektrum von Habitaten mit ausgesprochen unterschiedlicher Beute nicht zu verhungern. Doch natürlich gab es noch andere Möglichkeiten, und so beschloss ich, zunächst einmal nach den tiefer hängenden Früchten zu greifen.

Am 22. Februar saß meine Eule auf ihrem üblichen Sitzplatz in der Papier-Birke. Ich holte eine tote Kurzschwanzspitzmaus aus meinem Kühllager, die ich eigens für den Streifenkauz aufgehoben hatte. Vertreter der Gattung *Blarina*, das wusste ich inzwischen, waren offensichtlich eine akzeptable Beute. Ich warf sie auf den verkrusteten Schnee, an fast exakt die Stelle, an der der Kauz vier Tage zuvor erfolgreich eine Maus gejagt hatte. Er konnte die Stelle von seinem Sitzplatz aus gut sehen, und so wartete ich gespannt darauf, was geschehen würde. Die Maus war schwarz und zeichnete sich deutlich vor dem Hintergrund des weißen Schnees ab. Würde der Kauz auf sie hinabstoßen? Ich wartete zehn Minuten, aber nein, der Vogel rührte sich nicht. Klapperschlangen spüren ihre Beute wie beispielsweise Mäuse in der vollkommenen Dunkelheit ihres Baus mithilfe der Körperwärme auf: Sie verfügen über ein wärmesensitives Organ, mit dem sie Infrarotstrahlung wahrnehmen können, wenngleich nicht mit den Augen. War auch mein Kauz in der Lage, Wärme zu »sehen«? Ich bezweifelte es, doch meine Zweifel waren hier irrelevant. Letztlich entscheiden Experiment und Erfahrung. Ich holte die Maus wieder rein, wärmte sie auf meinem Herd auf und legte sie erneut auf den Schnee. Nichts. Die Eule regte sich nicht. Wieder wartete ich zehn Minuten, aber nichts geschah. Also gehörte auch Wärme nicht zu den Jagdstimulatoren meines Streifenkauzes. Da ich das Erkennen der Form bereits ausgeschlossen hatte, schlussfolgerte ich, dass Bewegung und/oder das aus der Bewegung Resultierende wie etwa Geräusche die wahrscheinlichsten Impulse sind, die beim Kauz den Jagdtrieb auslösen.

Bestätigt wurde diese Schlussfolgerung durch eine vorherige Beobachtung, die ich als Doktorand an der UCLA an einer Waldohreule gemacht hatte. Ich hatte damals wortwörtlich mit der Eule zusammengelebt: Sie hatte den ganzen Tag lang und einen Teil der Nacht hindurch regungslos auf der beinahe deckenhohen Ecke eines Bücherregals in der kleinen Wohnung gesessen, die ich mir mit meiner frisch gebackenen Ehefrau teilte. Eines Tages besuchte uns ein nichtsahnender benachbarter Doktorand. Er setzte sich auf unsere Couch und spielte geistesabwesend mit seiner Armbanduhr, die er immer wieder um seinen Zeigefinger wirbelte, bis sich die Eule plötzlich auf seine Hand stürzte. Zu behaupten, unser Besucher sei überrascht gewesen, wäre natürlich eine maßlose Untertreibung.

Ein in der Nähe des Adirondack-Schutzgebiets wohnender Naturforscher und preisgekrönter Schriftsteller erzählte mir, dass ein Streifenkauz im Winter einmal Hühnerfleisch gefressen hatte, das er ausgelegt hatte, um Vögel anzulocken. Ehrlich gesagt, hätte es mich auch überrascht, wenn ein hungriger Streifenkauz diesen Köder *nicht* im wahrsten Sinne des Wortes geschluckt hätte. Er war aber wahrscheinlich nicht deswegen aufgetaucht: Fleisch vielerlei Art zieht nicht nur Spitz-, Wühl- und Hirschmäuse, sondern auch Eichhörnchen sowie Gleithörnchen an. Und jedes dieser herumhuschenden Tiere wäre Manna für eine Eule. Was jedoch nicht bedeutet, dass Eulen grundsätzlich kein Hühnerfleisch fressen, sei es nun tot oder lebendig. Auch sie lernen bei der Nahrungssuche nie aus.

Will man eine tote Spitzmaus wieder in Bewegung bringen, ist Faden ein ganz hervorragendes Werkzeug. So band ich ein Ende eines weißen Fadens an die Maus und behielt das andere Ende in der Hand, während ich den Köder erneut auf den Schnee warf. Anschließend zog ich am Faden. Augenblicklich lehnte sich der Streifenkauz nach vorn, startete und kam lautlos wie ein Schatten direkt auf die Maus (und mich) zugeflogen. Er »fing« seine Beute beinahe zu meinen Füßen; im Licht meiner Stirnlampe leuchteten seine Augen rot, als er kurz zu mir aufblickte. Ich zog noch einmal am Faden – mit der Maus in den Fängen hob die Eule ab. Der Faden riss, und nach einigen wiederum lautlosen Flügelschlägen landete der Streifenkauz auf dem Platz, von dem aus er gestartet war, und schluckte seinen Siegespreis hinunter.

Bei Tagesanbruch am nächsten Morgen saß die Eule wieder am selben Platz.

Sie kam noch in vielen Nächten den ganzen Winter über wieder, manchmal sogar mitten am hellsten, sonnigsten Tag. Nach einer Weile betrachtete ich den Streifenkauz fast wie ein Haustier, das praktischerweise aber nicht gefüttert werden musste. Letzteres tat ich gelegentlich trotzdem eifrig, wobei der Kauz schließlich auch Fleisch fraß, das direkt neben meinen Füßen lag. Oft kam er aus dem Wald auf seinen Platz auf der Birke geflogen, sobald ich die Tür der Blockhütte öffnete. Er hatte gelernt, wo und wann er nach mir Ausschau halten konnte.

31. März 2014. Der drastische Temperaturabfall und der Schnee, den ein Nordostwind mit sich gebracht hatte, trieben Purpurgimpel, Distelfinken, Carolinatauben, Abendkernbeißer, die erste in meine Breiten zurückgekehrte Winterammer und mindestens zehn Blauhäher an die Futterstation. Die Krähen waren nun paarweise unterwegs, und ich konnte eine dabei beobachten, wie sie einen Zweig zu einem teilweise fertiggestellten Nest in der Krone einer Fichte trug. Der Streifenkauz schien nicht mehr da zu sein, schon seit Wochen hatte ich keine Spur mehr von ihm gesehen.

1. April 2014. Ein herrlich klarer und kalter Tag. Das erste Mal in diesem Jahr war die verkrustete Oberfläche des Schnees so fest, dass man auf ihr gehen konnte. Anzeichen eines Rabennests fand ich keine, nur einen einzelnen Raben sah ich dreimal an die Niststätte fliegen. Das Krähenpaar landete neben überfahrenem Wild, krächzte einmal und flog wieder davon. Dann flog ein Rabe zu dem toten Tier. Doch die größte Beobachtung des

Tages machte ich nachts. Gegen ein Uhr morgens wurde ich von Katzengejammer geweckt, öffnete das Fenster neben meinem Bett, um es besser zu lauschen und wurde von den Streifenkauzrufen überrascht, die ich schon seit dem Herbst nicht mehr gehört hatte: das vertraute viersilbige *Whohú-buhóoh.* Die Rufe kamen in regelmäßigen Abständen etwa halbminütlich.

Der Kauz rief beinahe ununterbrochen bis zum Anbruch des Tages weiter; meist war es die viersilbige, manchmal aber auch die achtsilbige Abfolge aus dem Vorjahr, also das verdoppelte *Whohú-buhóoh* mit dem langen *Whooo* am Ende, das in einem absteigenden Tremolo auslief. Zwischen diesen Rufen herrschten längere Pausen, aber ich lauschte unermüdlich weiter. Gegen vier Uhr morgens rief die Eule von irgendwo hinter der Hütte, und eine andere antwortete ihr aus der Richtung des nördlichen Pfads: ein *Whohú-buhóoh,* das fast augenblicklich mit einem zweiten erwidert wurde. Die Antwort erfolgte jedes Mal so schnell, dass es sich so anhörte, als riefe nur eine Eule. Wahrscheinlich waren zumindest einige der achtsilbigen Abfolgen, die ich immer einem Vogel zugeschrieben hatte, in Wirklichkeit Duette gewesen! Mit dieser Erkenntnis im Hinterkopf lauschte ich auf eine Nuance, die mir vorher nicht bewusst gewesen war. Ich stand auf und ging nach draußen, um nachzusehen, ob mein Kauz wieder an seinem Platz auf der Birke saß. Tat er nicht.

Frühling und Sommer kamen, wann sie sollten, begleitet von häufigen Eulenrufen sowie seltsamem Gegacker und Gekreische. Dann kam der Herbst in all seiner Farbenpracht, die Blätter fielen, Schnee folgte ihnen, und plötzlich herrschte Stille. Während die Jahreszeit allmählich in den dritten Winter seit dem ersten Auftauchen des Kauzes überging, war nun nichts von ihm zu sehen oder zu hören. Ich vermisste ihn: Fast immer wenn ich am Abend oder in der Nacht draußen war, sah ich nach oben zu seinem Sitzplatz oder leuchtete die Papier-Birke mit der Taschenlampe ab. Als die langen Nächte noch länger und die kurzen Tage noch kürzer wurden, fragte ich mich, ob die Eule wohl je zurückkehren würde. Vielleicht hatte sie ihren Partner verloren und war weitergezogen. Vielleicht war sie auch gestorben – Eulen fallen häufig Autos zum Opfer. Vor einigen Jahren war ich in New Hampshire nachts mit dem Auto unterwegs und fuhr an einem anscheinend toten Streifenkauz vorbei. Beim Blick in den Rückspiegel allerdings dachte ich, ich hätte die Bewegung eines Flügels wahrgenommen. Ich wendete, hob die Eule vorsichtig auf und legte sie auf den Rücksitz meines Pick-ups. Minuten später erwachte sie wieder zum Leben und setzte sich neben mich auf die Rückenlehne des Beifahrersitzes, wo sie sich vollständig erholte. Ein seltenes Erlebnis.

Schließlich kam die Wintersonnenwende und mit ihr das Versprechen einer wiedererwachenden Natur. Ich hatte in der Zwischenzeit ein neues großes Glück gefunden, eine Partnerin, die den Wald ebenso liebte wie ich, in Frühjahr, Sommer und Herbst ebenso wie im Winter. Der Schnee war schon tief zu dieser Zeit, und meine Partnerin und ich beschlossen, die Wintersonnenwende in gebührender Art und Weise zu feiern: mit einem großen Freudenfeuer und Rotwein. Ich sägte trockene Totholzäste zurecht, damit das Feuer auch ordentlich loderte, und fügte für einen ordentlichen Funkenregen noch einige Grünholzstücke hinzu. Ich schichtete das Totholz zu einem schönen Haufen auf und steckte ihn mit einem Streichholz in Brand. Sogleich schoss eine große Flamme in den mondlosen Nachthimmel empor.

Als wir noch mehr Grünholzstücke auf die glühenden Kohlen legten, stiegen die Funken in Strömen auf. Wir stießen mit dem Rotwein an, und ich folgte der leuchtenden Funkenspur mit den Augen. Da plötzlich sah ich ihn, ganz deutlich zeichnete er sich, vom Feuer unter ihm angeleuchtet, gegen den schwarzen Himmel ab: der grau-weiße Umriss einer riesigen Eule, die gerade davonflog. Mit mehreren Schlägen der gewaltigen Schwingen setzte sie über die Blockhütte hinweg und verschwand im dunklen Wald. Doch sie kam zurück, nachdem das Feuer erloschen war. Ich warf ein Stück des Wilds, das wir zum Abendessen hatten, auf den Schnee direkt vor uns. Die Eule lehnte sich auf ihrem seit Langem angestammten Sitzplatz nach vorn und glitt, ohne weiter zu zögern, auf den Boden neben uns, um das Fleisch aufzupicken.

Sicherlich war das die Eule, die ich kannte, mein Freund aus dem Jahr zuvor, die Eule, die gelernt hatte, dass es Nahrung war, die ich ihr da hinwarf. Dafür brauchte sie weder Fell noch Federn zu sehen, solange die Nahrung von mir kam. Am nächsten Tag kam die Eule herabgeflogen und fraß mir das Fleisch aus der Hand. Danach nahm sie ihren Platz auf derselben großen Birke, demselben Ast und derselben Stelle an diesem Ast ein, wo ich sie schon unzählige Male gesehen hatte. Einen weiteren Beweis, um welchen Vogel es sich da handelte, brauchte ich nicht.

Als mir voller Freude und Staunen klar wurde, dass das »meine« Eule war und dass sie in den kommenden Wochen, Monaten oder sogar länger wieder bei mir sein würde, fühlte ich eine Verbindung zu all den Augenblicken meiner Vergangenheit und auch zu meinen Perspektiven für die Zukunft.

6

Des Bussards Tischwäsche

Jedes Jahr kehrt ein Paar Breitschwingenbussarde *(Buteo platypterus)* aus Südamerika nach Maine zurück, um im Laubwald um unsere Blockhütte herum zu nisten. 2011 erschien das Paar kurz vor dem oder am 25. April, denn an diesem Tag sah ich einen der Bussarde auf der Amerikanischen Traubenkirsche am Rand eines Lochs sitzen, das ich Jahre zuvor gegraben hatte. Im Frühjahr füllt sich dieses Loch mit Schmelzwasser und eignet sich so ausgezeichnet als Laichteich für Waldfrösche, Frühlingspfeifer und Salamander. Im Sommer wird der Teich zudem von Leopard- und Schreifröschen, Schwimmkäfern, Taumelkäfern und natürlich Libellen- sowie Stechmückenlarven bevölkert. Der Greifvogel war auf der Jagd nach Waldfröschen, die ihren Platz unter heruntergefallenem Laub verlassen, wenn sich das letzte Eis in einem warmen Regen auflöst, und zu ihren Laichstätten wandern, um sich zu paaren und anschließend abzulaichen.

Breitschwingenbussarde kehren später als andere heimische Greifvögel aus ihrem Winterquartier zurück, möglicherweise weil sie abwarten, bis Frösche und Schlangen aus der Winterstarre erwachen. Breitschwingige Greifvögel sind im Gegensatz zu den Greifvögeln, deren Schwingen spitz zulaufen, nicht auf die schnelle Verfolgung ausgelegt; sie sitzen und warten auf ihre Beute – eine Jagdstrategie, zu der Schlangen und Frösche ganz hervorragend passen.

Darüber hinaus nisten sie spät. Ich war früher öfter zu ihren Nestern hinaufgeklettert, um diese und das Gelege von zwei bis drei Eiern zu fotografieren. Mit ihren typischen Flecken und Klecksen in schokoladenfarbenen, ins Violet tendierenden sowie siena- und lohfarbenen Brauntönen sind die Eier in ihren Nestmulden, die mit Holz- und Rindenspänen ausgekleidet sind, ein wahrer Augenschmaus.

Ich habe mich immer darüber gewundert, dass die Vögel derart harte Rindenspäne zum Auskleiden der Nester verwenden und dabei sogar Buchenspäne bevorzugen. Die Stämme lebender Buchen besitzen eine glatte, feste Oberfläche, weshalb sich die Greifvögel an die Späne abgestorbener Buchen mit ohnehin bereits abblätternder Rinde halten müssen.

Mehrere Jahre lang lagen die Nester der Breitschwingenbussarde nur wenige Hundert Meter den Hang hinunter von meiner Blockhütte entfernt an der Stelle in einem hohen Zucker-Ahorn, an der sich der Stamm zu einer vierfachen Astgabel teilt. Gleich nachdem ich einen der Bussarde an dem Tümpel hatte sitzen, beziehungsweise das Paar im blauen Spätaprilhimmel hatte kreisen sehen, war ich neugierig, ob sie ihr altes Nest wieder benutzen oder in der Nähe ein neues bauen würden. In den beiden Jahren zuvor war das alte Nest leer geblieben, doch jetzt, 2011, gab es dort Anzeichen neuer Aktivität. So fand ich beispielsweise am Boden unter dem Nest einige Eschenzweige, an denen helleres, frisches Holz zu sehen war – man hatte sie also erst vor Kurzem vom Baum gebrochen. Die Greifvögel belebten also ihr altes Nest wieder.

Am 21. Mai – die Buchen hatten gerade neue Blätter getrieben, und das dunkelbraune Laub auf dem Waldboden war von prächtigen Veilchen, Roten Waldlilien und Frühlingssternen übersät – sah ich einen der Bussarde auf dem Nest sitzen. Von meinem Standpunkt auf dem Hügel aus und mit dem Fernglas vor den Augen schien er ganz nah und direkt vor mir zu sein, als er über den Rand des Nests spähte und ich ihm in die gelben Greifvogelaugen blickte.

Fast einen Monat später, am 16. Juni, saß sie (ich nahm an, es war das Weibchen) immer noch im Nest. Eigentlich hatte ich nicht vor, zum Nest hinaufzuklettern; ich hatte schon andere besucht, und nun schien der zu erwartende Lohn die Mühe nicht wert zu sein. Doch dann bekam ich Besuch aus Kapstadt, und die Lage änderte sich.

Greg Fell und Dean Leslie, zwei sehr nette Filmemacher von der Produktionsfirma *The African Attachment*, die für Salomon Running TV S03 E01 tätig ist, wollten einen kurzen Film über mein lebenslanges Interesse am Laufen drehen. Mittlerweile ist er unter dem Titel »Why We Run« auf YouTube zu sehen. Da sie mich auch dabei filmen wollten, wie ich draußen etwas anderes tat als laufen, schlug ich vor, einen Baum hinaufzuklettern, vielleicht den Zucker-Ahorn mit dem Greifvogelnest. Wenn ich Glück hatte, konnte ich darin die Jungvögel sehen – an einem Breitschwingenbussardhorst mit Küken war ich noch nie gewesen. So befestigten die beiden Filmemacher eine kleine Videokamera an meinem Kopf, damit ich die Hände zum Klettern frei hatte, und es ging los.

Als ich mich ans Klettern machte, flog der Bussard auf dem Horst zu einem anderen Ahornbaum. Er rief mehrmals hintereinander, schien aber nicht besonders aufgeregt, auch dann nicht, als ich mich dem Horst näherte. In dem großen, aus Zweigen gebauten Nest befanden sich ein Ei und ein reinweißes, flaumiges Küken, das sicherlich süßeste, das je aus einem Ei geschlüpft ist (es ist im Video zu sehen). Doch unter dem Küken fand ich zu meiner Überraschung ganz frische Farnwedel. Der Jungvogel piepste mich schwach an, als bettelte er um Futter. Ich hielt es mit der Kamera fest, und so waren meine neuen Freunde aus Südafrika zufrieden. Ihnen sagte die Horstauskleidung mit Farn nichts, ich aber, der Rindenspäne erwartet hatte, war sehr erstaunt. So eine Art Nestauskleidung hatte ich noch nie gesehen.

Die gesamte Nestmulde war mit einem einzigen großen Farnwedel ausgelegt, der höchstens ein bis zwei Stunden vor meinem Aufstieg dort platziert worden war. Darunter fand sich ein zweiter, schon etwas verwelkter Wedel, der vielleicht einen Tag alt war. Das erstaunte mich auch deshalb so sehr, weil das Nest eigentlich schon vor einem Monat hätte vollständig fertig sein »müssen«, nämlich vor dem Legen der Eier, und weil die übliche Unterlage für die Eier aus trockenen Rindenspänen bestand. Ich war auf ein Rätsel gestoßen und entschlossen, es zu lösen. Und ganz plötzlich waren mir weitere Besuche am Horst die Mühe durchaus wert.

In den darauffolgenden fünfunddreißig Tagen kletterte ich weitere neun Mal zum Nest hinauf, bis die Jungen am 22. Juli flügge wurden. Die Elternvögel ersetzten das Grün fast täglich; insgesamt wurden fünfundfünfzig grüne Zweige verwendet, in den ersten drei Wochen durchschnittlich zwei frische pro Tag. Zunächst waren es ausschließlich Farnwedel, am 26. Juni aber schon leicht welkende Zucker-Ahorn-Blätter, auf denen wiederum ein sehr frischer Farnwedel platziert wurde. Am 4. Juli kleideten die Altvögel die gesamte Nestmulde kompakt mit frischen, grünen Zedernzweigen sowie mit einem Zucker-Ahorn-Zweig aus, an dem vier unverwelkte Blätter hingen und der kaum einen Tag alt war. Es war zwei Uhr nachmittags und fast siebenzwanzig Grad Celsius warm – die Zweige mussten von diesem Morgen stammen. Im Gegensatz zu allen anderen Vögeln, die ich kannte, »bauten« diese Greifvögel auch nach dem Schlupf der Jungen und beinahe bis zum Flüggewerden der Nestlinge am Horst weiter.

Das Auskleiden des Nests mit frischem Grün musste einem Zweck dienen, also einen Vorteil darstellen, da es mit Mühe verbunden war. Die Farnwedel etwa mussten die Bussarde vom Boden aufsammeln und für die Zedernzweige war ein mindestens einen halben Kilometer weiter Flug zum Hain nötig. Der Baumbestand unmittelbar ums Nest entsprach nicht der Auskleidung, die ich gesehen hatte. Die Vögel hatten sie also sorgfältig ausgewählt.

Einige Hypothesen, wozu das Grün diente, konnte ich von vornherein ausschließen. Es konnte keinesfalls die weißen Küken tarnen. Es waren auch keine Hochzeitsgeschenke, denn die Partnerwahl und die Paarung waren zur Zeit der Nestlinge längst vorbei. Auspolsterung und Isolierung kamen als wahrscheinliche Erklärungen ebenfalls nicht infrage, da das Material an sich weder bauschig noch weich war und auf der Unterlage der harten Rindenspäne als Polsterung ohnehin wenig nützte. Außerdem wäre das Grün dann nicht so spät in der Nistzeit verwendet worden. Auch die Verbesserung der Horststruktur zum Zwecke künftiger Nutzung konnte ich verwerfen, da die Auskleidung Feuchtigkeit enthielt und den Verfall so eher beschleunigte denn verzögerte. Pflanzen mit medizinisch wirksamen ätherischen Ölen, um möglicherweise Parasiten abzutöten, waren eine weitere Option, aber leider auch unwahrscheinlich. Um ihre Wirkung zu entfalten, hätten die Pflanzen ins Nest eingearbeitet und nicht nur daraufgelegt werden müssen; außerdem hatten die Greifvögel die wenig duftenden Ahornblätter gewählt und die reichlich vorhandenen Blätter von Koniferen wie Kiefer, Fichte und Tanne verschmäht.

Allerdings dient ein bestimmtes Verhalten häufig nicht nur einem Zweck.

Der Aspekt, der nie von der Hand zu weisen war, aus welcher Perspektive ich die Dinge auch betrachtete, war, dass das von den Bussarden gewählte Grün eine ebene und saubere Oberfläche bot. So war das Ausbreiten einer Schicht frischer Blätter vielleicht mit dem Verwenden einer Tischdecke vergleichbar (wenn wir unsere Mahlzeiten ohne Teller zu uns nehmen würden). Greifvögel lagern oft Nahrung im Horst – bei einer meiner Inspektionen hatte ich in diesem speziellen Nest nicht nur eine frische, halb aufgefressene junge Waldschnepfe, sondern auch die Überreste eines Eichhörnchens und eines Raufußhuhns gefunden.

Da Breitschwingenbussarde bis spät in den Sommer hinein nisten und zur heißesten Zeit des Jahres Fleisch ans Nest bringen, könnte die Auskleidung mit frischem Grün eine hygienische Funktion erfüllen. Die saubere Unterlage könnte größere Ansammlungen von Bakterien verhindern und so den Verfall des Horsts hinauszögern.

Im Jahr darauf baute sich das Paar sein Nest in der Astgabelung einer Esche, und im darauffolgenden Winter errichtete ich mit Freunden in einem großen Rot-Ahorn zwanzig Meter hügelaufwärts der Esche eine Blende, hinter der ich mich verstecken und von der aus ich ins Nest sehen konnte, wenn die Vögel es im kommenden Frühjahr wieder verwendeten. Die Breitschwingenbussarde kehrten zurück und jagten wieder Waldfrösche am Tümpel, das Nest, in dessen Nähe ich die Blende errichtet hatte, aber benutzten sie nicht wieder. Die meisten solcher Feldunternehmungen führen nicht unmittelbar zu neuen Erkenntnissen, können uns jedoch Beobachtungen bescheren, die ihrerseits Gelegenheit zu anderen Untersuchungen bieten. Das nächste Mal führten sie mich zu den Graukopf-Vireos.

7 Geburtenkontrolle bei den Vireos

Die Nacht vom 11. September 2011 war die kälteste seit dem Frühjahr. Die Temperatur fiel auf knapp über vier Grad Celsius, am wolkenlosen blauen Himmel regte sich kein Lüftchen. Die Blätter des Rot-Ahorns hatten sich bereits zur Hälfte verfärbt, und im Wald waren die meisten der wild wachsenden Äpfel vom Baum gefallen. Rotkehlchen, Drosseln und ein Goldspecht hatten alle Virginischen Traubenkirschen von der Lichtung aufgepickt, fast alle Zugvögel waren zu ihren Winterquartieren aufgebrochen. Die im Vergleich zum tumultartigen Lärm im Sommer beinahe unheimliche Stille war geradezu ohrenbetäubend. Doch plötzlich, gegen acht Uhr morgens, hörte ich den langsamen, unaufgeregten, klaren Gesang des Graukopf-Vireos. Er kam allerdings nicht von den Amerikanischen Rot-Fichten, den Balsam-Tannen oder den Weymouth-Kiefern, die die Lichtung säumten und die im Frühling und Sommer von den Graukopf-Vireos bevölkert gewesen waren. Der Vogel, den ich hörte, sang von einer einzeln stehenden Papier-Birke am Rand der Lichtung aus, ganz in der Nähe der Stelle, an der in diesem Sommer ein Rotaugenvireopaar in einem Zucker-Ahorn genistet hatte. Ich musste mich erst von der Anwesenheit des charakteristischen weißen Augenrings überzeugen, um zu glauben, was ich da hörte. Er – weibliche Singvögel singen nicht – sang noch eine Minute in der Birke weiter, bevor er zu den Koniferen im umgebenden Wald flog und eine weitere halbe Minute sang. Dann war es wieder still.

Der prächtige Gesang fiel mir deshalb so besonders auf, weil sowohl der Besuch dieses Vogels auf der Lichtung als auch die Jahreszeit ungewöhnlich waren: Ich hatte seit dem Frühling keinen Graukopf-Vireo mehr singen gehört. Sofort holte ich die Skizze, die ich damals von ihm angefertigt hatte, aus der Schublade und nahm einige Verbesserungen daran vor. Das hier war wirklich außergewöhnlich, und so fragte ich mich, ob der Gesang vielleicht eine Antwort auf etwas für den Vogel irgendwie Bedeutsames war. Warum erklang er jetzt, warum hier, warum so laut und eindringlich, warum so kurz? Warum war dem Vogel danach zu singen? Es war die Zeit der Zugvögel; vielleicht war auch dieser hier auf der Durchreise und markierte mit dem Gesang sein potenzielles Nistrevier für das kommende Frühjahr.

17. April 2012. Im Wald lag immer noch Schnee, doch schon kehrten die ersten Kronenwaldsänger zurück, ließen ihren lispelnden Gesang vernehmen und suchten in den Wipfeln der nun blühenden Rot-Ahorn-Bäume nach Nahrung. Rubingoldhähnchen zogen vorbei, hin und wieder war ihr stakkatohaftes Zwitschern an diesem windigen und minus ein Grad Celsius kalten Tag zu hören. Das Schönste an diesem Tag aber war für mich ein zurückgekehrter Graukopf-Vireo, der viel Zeit an einem in meinen Augen idealen Nistplatz verbrachte. Er sang den ganzen Morgen lang ununterbrochen, laut und klar, umkreiste die Lichtung und landete am Nachmittag genau dort, wo ich ihn oder einen seiner Artgenossen im Herbst zuvor so wunderschön hatte singen hören.

Danach konnte ich mich täglich über sein kurzes, dünnes Pfeifen mit den auf- oder absteigenden Tonfolgen freuen.

Auf meinem Hügel sind zwei Vireoarten heimisch. Der Rotaugenvireo ist streng auf Laubbäume beschränkt und kehrt erst Ende Mai aus seinem Winterquartier zurück, einige Zeit nachdem die Bäume wieder Blätter getrieben haben. Sein lauter, energischer Gesang ist den gesamten Sommer über bis August konstant zu hören. Der Graukopf-Vireo hingegen ist einen ganzen Monat vor dem Rotaugenvireo wieder da, lange bevor auch nur irgendein Laubbaum Knospen entwickelt hat. In Maine lebt und nistet der Graukopf-Vireo in Koniferen. Sein Gesang ähnelt dem der verwandten Art, er ist nur etwas langsamer und schon zu vernehmen, wenn unter den Fichten und Tannen noch Schnee liegt. Dieser Vogel hört normalerweise im Frühsommer zu singen auf. Doch halten sich Tiere bei Weitem nicht immer an das Standardverhalten, das man ihrer Spezies zuschreibt. Ich hatte zwar schon Graukopf-Vireos weit unten ausschließlich in Koniferen nisten sehen, im Jahr 2012 aber auch ein Nest in einem hohen Strauch Virginischer Traubenkirschen an einem ungewöhnlichen Standort – meist findet sich die Pflanze auf Lichtungen – in der Nähe des Zucker-Ahorns gefunden, in dem die Breitschwingenbussarde genistet hatten. Das Äußere des Nests hatte aus weißen Greifvogeldaunen bestanden, und nicht aus dem üblichen Hornissennestpapier, das sowohl Rotaugen- als auch Graukopf-Vireo sonst zum Nestbau verwenden.

Meist begegnet einem das Ungewöhnliche durch einen glücklichen Zufall, spielerisch, wenn man sich gerade mit etwas völlig anderem beschäftigt. So zumindest bin ich auf einen Fall von offensichtlicher Vogelgeburtenkontrolle gestoßen.

Am 11. Mai, es waren noch immer keine Blätter an den Bäumen, folgte ich einem Saftlecker durch den Wald, als ich plötzlich ein Graukopf-Vireo-Paar erst hörte und dann auch sah. Die beiden Vögel blieben durch leises Rufen miteinander in Kontakt. Einer von ihnen flog zum Stamm einer Papier-Birke, riss mit dem Schnabel einen dünnen Streifen Rinde ab und flog damit davon. Sein Partner folgte ihm, ebenso wie ich, in der Hoffnung, das Nest zu finden. Die Vireos waren bald außer Sichtweite, und vergeblich suchte ich in jeder Fichte und Tanne, an der ich vorbeikam, nach ihrem Nest. Der lange Rindenstreifen sollte vermutlich zu Beginn des Nestbaus zum Einsatz kommen; R. D. James' Beschreibung zufolge wählt das unverpaarte Männchen zuerst einen Nistplatz aus und fängt dann an, das Nest zu bauen, indem es Materialstreifen um einen waagerecht gegabelten Zweig schlingt. Das Weibchen akzeptiert den Partner, wenn es ihm beim Bau des Nests hilft, und sorgt an den letzten beiden Tagen des achttägigen Nestbaus für die Auskleidung desselben.

Zwei Tage später traf ich in derselben Gegend erneut auf das Paar. Wiederum riss einer der Vögel einen dünnen Streifen Rinde von der Papier-Birke ab und flog in die gleiche Richtung wie zuvor davon. Ich folgte ihnen wieder – und dieses Mal fand ich das Nest. Erstaunlicherweise sah es schon fast fertig aus und hing wie alle Vireonester in einer Astgabelung. Allerdings nicht in einem Nadelbaum, wie ich erwartet hatte, sondern in etwa vier Meter Höhe in dem bereits erwähnten hohen Virginische-Traubenkirschen-Strauch. Noch nie zuvor hatte ich das Nest eines Graukopf-Vireos in einem laubabwerfenden Strauch oder Baum gesehen.

Ganz in der Nähe fand ich ein zweites Graukopf-Vireo-Nest, auf das ich ebenfalls stieß, als ich einem Graukopf-Vireo-Paar folgte. Einer der Vögel oder beide gaben kurze, schnurrende Laute von sich, die wie Geflüster aus einem dichten Nadelgehölz kamen. Ich verlor die Vögel immer wieder aus den Augen und sah manchmal nur einen von ihnen in einem Baum sitzen und sich das Gefieder putzen. Ihr Nest hing am Ende eines Zweigs in einer hohen Balsam-Tanne rund sechs Meter über dem Boden. Ich beschloss, die Vireos später beim Füttern der Jungen zu fotografieren. Und da sie dafür wahrscheinlich nicht zu mir kommen würden, musste ich zu ihnen. Also baute ich in den darauffolgenden Tagen eine Plattform mit einem Versteck in Form einer kleinen Hütte darauf und brachte die Plattform neben dem Nest im Baum an, sodass ich mit meinem Objektiv (Brennweite 18–55mm) alles gut im Blick hatte.

Während ich an meiner Plattform baute, saß einer der Vireos fast immer brütend auf dem Nest. Er flog weder auf noch schien ihn meine Anwesenheit überhaupt zu kümmern. Mehrere Male sang er direkt neben mir; eigentlich hatte ich Alarmrufe erwartet, doch diese blieben aus. Dennoch waren die Vögel alles andere als unaufmerksam. Einmal nahm ein Fichtenwaldsänger ein Bad in einer Pfütze in der Nähe des Nistbaums, flog anschließend auf, setzte sich auf einen Ast und putzte sich. Daraufhin stürzte sich einer der Vireos markant krächzend auf ihn, um ihn zu vertreiben.

Einige Zeit später erging es mir allerdings ebenso.

Immer wenn ich mich in meinem Versteck niederließ und zu fotografieren begann, ging einer der beiden Vireos oder gingen gleich beide mit einem lauten, kreischenden Zwitschern auf mich los, das mich an Fingernägel erinnerte, die über eine Schultafel kratzen. Ein einziges Bild von den rosa-gelben, nackten Küken, die sich ins Nest duckten, war alles, was ich bekam. Und dabei konnte ich noch von Glück reden, da die schweren Regenfälle an den darauffolgenden beiden Tagen (29. und 30. Mai) meine weiteren Anstrengungen völlig zunichtemachten. Nach einem schönen Tag folgten wiederum drei Tage und Nächte, in denen es fürchterlich schüttete. Irgendwie überlebten die Nestlinge trotzdem. Doch waren die Elternvögel noch immer fuchsteufelswild, und ich beschloss, sie in Ruhe zu lassen und mich stattdessen dem atypischen Nest in dem Virginische-Traubenkirschen-Strauch zuzuwenden.

Der Strauch war zu wenig robust, als dass ich ihn hätte hinaufklettern können, aber das Nest lag tief genug, dass ich von einer vier Meter hohen Trittleiter aus hineinsehen konnte. Um die Vögel an die Leiter zu gewöhnen, stellte ich sie zunächst rund zehn Meter vom Nest entfernt auf und bewegte sie in den darauffolgenden Tagen jeden Tag ein Stückchen näher heran. Der brütende Vogel im Nest brütete ungerührt weiter, auch dann noch, als die Leiter direkt neben dem Nest stand. Ich stieg hinauf, um die vier Eier zu fotografieren; der Vogel hüpfte kurz auf, setzte sich dann aber wieder hin und ignorierte mich. Die vier Eier waren überwiegend weiß, anscheinend stand der Schlupf kurz bevor. (Die frisch gelegten Eier sind farblos und besitzen dünne, perlenartig schimmernde, transparente Schalen, die erst später ein kreideähnliches Äußeres annehmen.)

Am 31. Mai stieg ich die Leiter erneut sehr langsam hinauf in der Hoffnung, nun schon Junge im Nest sehen zu können, dabei sprach ich ganz leise mit dem brütenden Vogel, um ihm irgendwie klarzumachen, dass ich ihm nichts tun wollte. Selbst als ich mit dem Objektiv meiner Kamera bis auf einen halben Meter an ihn herankam, blieb er völlig ruhig sitzen.

Vier Tage später, nach weiteren drei Tagen sintflutartiger Regenfälle, ging ich wieder zum Nest. Ich erwartete, entweder Jungvögel oder das Nest verlassen vorzufinden. Stattdessen lagen wieder Eier im Nest – dieses Mal allerdings nur drei. Aus der tiefen Mulde des Vireonests hätte das vierte Ei keinesfalls von allein verschwinden können, und ein angreifender Fressfeind hätte sich sicherlich nicht die Mühe gemacht, vorsichtig ein Ei herauszunehmen und das Nest ansonsten in unangetastetem Zustand zu lassen.

Wiederum zwei Tage später, am 6. Juni, sah ich erneut nach dem Nest. Wie zuvor auch saß ein Vogel darin. Ebenfalls wie zuvor sprach ich zu »ihr«, woraufhin sie ihren Kopf in meine Richtung drehte. Sie rührte sich auch dann nicht weiter, als ich mich direkt über das Nest beugte, um zu fotografieren. Ich beschloss, es mit einer Nahaufnahme zu versuchen: Ich zog den Ast mit dem Nest zu mir an die Leiter. Noch immer zeigte der Vogel keinerlei Anzeichen der Beunruhigung. Einem Impuls folgend, schob ich die Finger einer Hand sehr vorsichtig unter ihren Bauch. Auch dagegen hatte sie keine Einwände, und so hob ich sie sanft an, um einen Blick auf

Ein Graukopf-Vireo in seinem Nest. Zu sehen sind auch die Finger des Autors, die sich sanft unter den Bauch des Vogels schieben.

die Eier zu werfen, während ich sie, das Nest, die Eier und meine Hand mit der anderen Hand fotografierte. Zu guter Letzt stand sie auf, hüpfte aus dem Nest, setzte sich auf einen Zweig neben mir – und sang! Also war es gar keine sie, wie ich angenommen hatte, sondern dem typischen Graukopf-Vireo-Gesang nach zu urteilen ein Männchen.

Doch beim Blick ins Nest erwartete mich eine weitere Überraschung: Nun enthielt es nur noch *zwei* Eier. Es war schon wieder ein Ei verschwunden.

Etwa einen Tag später fand ich das Nest dann tatsächlich verlassen vor. Ich vermutete, dass dies nicht direkt dem Regen geschuldet war, da die Auskleidung von Vireonestern grob ist und das Wasser deshalb mehr oder weniger hindurchfließt, statt sich in der offenen Nistmulde zu sammeln.

Um herauszufinden, was da geschehen war, untersuchte ich zunächst die beiden verbliebenen Eier. In jedem fand ich einen bereits verwesenden Embryo. Einer von ihnen war seit mindestens drei Tagen tot, der andere war noch früher gestorben.

Das scheinbar endlos kalte, nasse Wetter war der wahrscheinlichste Grund, warum die Embryos es nicht geschafft hatten. Dadurch waren auch Insekten rar geworden. Vielleicht war sogar einer der Elternvögel nicht mehr am Leben, denn es war schon eine Weile her, dass ich beide Vögel am Nest gesehen hatte.

Aber was war mit den beiden verschwundenen Eiern? Ich hatte etwas Ähnliches schon einmal gesehen: in einem Phoebetyrannennest, in dem während eines Kälteeinbruchs im Jahr 2011 gebrütet worden war. Am 23. März hatte ein Ei darin gelegen. Drei frostige Tage später war es immer noch nur ein Ei gewesen, auch wenn vier normal gewesen wären. Am 29. März waren es dann drei. Ich erwartete, dass die Vögel alsbald mit dem Bebrüten beginnen würden, doch als ich das nächste Mal in die tiefe Nistmulde sah, hatte sich die Anzahl der Eier auf zwei verringert. Diese beiden wurden von den Elternvögeln dann schließlich auch bebrütet, und später schlüpften daraus zwei Küken.

Hatten die Vireos die Anzahl der Eier freiwillig reduziert, um sie dem schwindenden Nahrungsangebot anzupassen? Bei verschiedenen Vogelarten hängt die Größe des Geleges davon ab, wie viel Nahrung zur Verfügung steht: Wird Letztere knapp, werden auch weniger Eier gelegt. Tritt die Nahrungsknappheit während der Nestlingsphase auf, liegt die Anzahl der flügge werdenden Jungen unter der der gelegten Eier, da manche Jungen dann entweder verhungern oder von den Geschwistern getötet werden – man spricht hier vom sogenannten Kainismus. Befindet sich ein fremdes Ei im Nest, beispielsweise das eines Kuckucks, wird dieses manchmal hinausgeworfen. Doch dass Vögel die Anzahl der eigenen Eier nach dem Legen regulieren, hatte ich noch nie gehört. Im Fall »meiner« Vireos wären mit an Sicherheit grenzender Wahrscheinlichkeit alle Küken gestorben, hätte das unerwartet schlechte Wetter angehalten und wären sie überhaupt geschlüpft. Durch das Halbieren der Brut hätten die Elternvögel zumindest einigen ihrer Jungen die Chance zum Überleben gegeben. Man kann also tatsächlich von Geburtenkontrolle sprechen, ob nun freiwillig oder unfreiwillig. Bislang ist die Reduzierung der Eier durch die Eltern wissenschaftlich nicht bewiesen. Es wäre unglaublich schwierig und würde schon mehr als Glück erfordern, beim Beobachten genau den Moment zu erwischen, in dem der Elternvogel das Ei aus dem Nest entfernt – und es wäre moralisch gelinde gesagt zweifelhaft, versuchte man, diese Hypothese experimentell zu beweisen. In jedem Fall ist die Reduzierung des Geleges ökonomisch effizienter als der Kindsmord, denn dann spart man sich sowohl die Mühe des Bebrütens als auch die des Fütterns des ohnehin todgeweihten Nachwuchses.

Die üblichen Methoden der Brutreduzierung bei Nahrungsknappheit sind grausamer und weniger effizient. Bei Adlern und Reihern frisst eines der Jungen entweder die anderen auf oder drängt sie aus dem Nest. Zu der Zeit, als die Vireos die Anzahl ihrer Eier reduzierten, musste ich in anderen Nestern beobachten, wie vier Sumpfschwalbenjunge, von denen es zwei fast bis zum Flüggewerden geschafft hätten, und fünf Kanadakleiberküken verhungerten.

8

Die Kleiber bauen sich ein Nest

Im Februar 2009 stieß ich wie schon einige Male zuvor hinter unserem Haus in Vermont auf ein Kanadakleiberpaar. Für gewöhnlich bevorzugen die Vögel dichte Fichtenwälder; da es in der Gegend nur einige Weymouth-Kiefern gibt, war es vermutlich der konstante Nachschub an Sonnenblumenkernen in der Futterstation, der die Kleiber zum Bleiben veranlasste.

Am 14. März – es lag immer noch ziemlich viel Schnee, und der Biberteich war noch immer zugefroren – untersuchte das Kleiberpaar abgestorbene Baumstümpfe, einige Minuten lang war ein leises und stetiges Klopfen auf einem Pappelstumpf zu hören. Im Gegensatz zu Spechten, die klopfen, um Maden zu finden und sich ein Zuhause zu zimmern, klopfen Kanadakleiber ausschließlich, um eine Bruthöhle und damit ein Nest zu bauen. Somit war klar, dass das Paar, das ich hörte, an der Gründung einer Familie interessiert war und verschiedene potenziell dafür geeignete Orte ausprobierte. Später an diesem Tag hämmerten sie am oberen Teil eines erst kürzlich abgestorbenen Rot-Ahorn-Stamms herum. Das Holz war hart, doch die Kleiber blieben; offensichtlich taugte ihnen der Rot-Ahorn mehr als das weichere Holz der Pappel, das sie zuvor getestet hatten. Die Vögel kamen nur langsam voran: Nach sieben Tagen hatten sie gerade einmal das Einflugloch ausgehöhlt. Verschwand einer der Vögel im Inneren, um die Nisthöhle zu vertiefen, konnte man draußen immer noch die Schwanzspitze sehen.

Der winzige Kanadakleiber wiegt nur rund zehn Gramm und muss mit dem Hausbau deshalb eine körperlich sehr anstrengende Aufgabe auf sich nehmen. Während der ebenfalls in Nordamerika heimische Carolinakleiber und die in Europa vertretene Kleiberart bereits existierende Unterkünfte beziehen, zimmert sich der Kanadakleiber eine eigene Behausung in solidem Holz. Die europäische Spezies sucht beispielsweise alte Spechthöhlen auf und verkleinert das zu große Einflugloch mit weichem

Porträts eines Kanadakleiberpaars.

Lehm, der an Ort und Stelle trocknet. Diese Art von Anpassung nimmt der Carolinakleiber nicht vor. So wäre die Wohnungssuche unserer Vorfahren am ehesten mit der des europäischen Kleibers vergleichbar: Hatte man einen geeigneten Unterschlupf in Form einer Höhle gefunden, wurde der Höhleneingang mit Holz und Steinen verkleinert und damit an die individuellen Bedürfnisse angepasst, bevor man die Höhle innen, so wohnlich es eben ging, einrichtete.

Damit er mit seiner Herkulesarbeit überhaupt rechtzeitig fertig wird, muss der Kanadakleiber früh beginnen – wobei »früh« im Zusammenhang mit einer Jahreszeit natürlich relativ ist. Als am 27. März nach fast zweiwöchiger Bautätigkeit der Schnee endlich zu schmelzen begann und das Eis auf dem Biberteich am Rand von einem Wasserring umgeben war, konnte man am Eingang des Nests nur noch die Schwanzspitze des hart arbeitenden Vogels sehen. Es war das Weibchen, wie ich an dem helleren Kopf und der Brustgefiederfärbung erkannte. Sie hämmerte in vier bis fünf Sekunden langen »Schüben«, tauchte dann rückwärts mit dem Schwanz voran und Holzspänen im Schnabel aus dem Loch auf, saß am Eingang, schleuderte den Bauschutt beiseite und schlüpfte anschließend wieder ins Loch zurück, um weiterzuhämmern.

Das Männchen hielt sich die ganze Zeit über in der Nähe auf und ließ gelegentlich eine Reihe von langen, nasalen Rufen vernehmen, die wie *aank* klangen. Hin und wieder flog der männliche Kanadakleiber ans Nest, spähte hinein und zwitscherte seiner Partnerin in anscheinender Aufregung etwas vor, setzte dabei aber weder einen Fuß noch einen Flügel in die im Entstehen begriffene Behausung. War sie gerade nicht bei der Arbeit, ertönten seine Rufe mitunter zehn Minuten am Stück. Offensichtlich rief er nach ihr, denn kam sie dann angeflogen und nahm die Arbeit wieder auf, hörte er sofort mit dem Rufen auf und flog davon. Er schien lebhaft am Fortgang der Arbeit interessiert zu sein, wenngleich weniger daran mitzuarbeiten.

In der ersten Aprilwoche schneite es zwei Tage lang, dann wurde die Luft wärmer. Der Ahornsaft ergoss sich in Strömen in meine Eimer, und ich war bis tief in die Nacht hinein damit beschäftigt, ihn zu kochen. Morgens entzündete ich immer zuerst ein großes Feuer unter dem Verdampfer, und bald darauf stiegen riesige Dampfwolken in die kühle Luft auf.

Darauf zu warten, dass Wasser verdunstet, ist keine so atemberaubende Tätigkeit, doch ich bereitete nicht nur Ahornsirup zu, ich sammelte in dieser Zeit auch andere Schätze. Die Saftlecker waren zurück – ich konnte sie im Wald trommeln hören. Eine Kanadagans saß auf ihrem Nest auf der Biberburg an exakt der Stelle, an der sie und ihr Ganter nach zehnmonatiger Abwesenheit am Tag ihrer Rückkehr – am 13. März – gelandet waren. Wahrscheinlich legte sie sogar schon Eier. Ich trug in meinen Kalender ein, dass die Jungen um den 10. Mai herum schlüpfen müssten.

Am Nachmittag des 8. April fanden sich die Kleiber erneut wiederholt an der Nisthöhle ein. Wiederum spähte er nur hinein und zwitscherte aufgeregt. Doch als sie dieses Mal hineinschlüpfte, war danach kein Hämmern mehr zu hören und keine Holzspäne wurden hinausgeworfen. Sie blieb zehn Minuten lang in der Nisthöhle, und ich vermutete, dass sie nach rund achtundzwanzig Tagen Arbeit und einem enormen Aufwand nun fertig war. Rotkehlchen bauen ihre Nester in nur wenigen Tagen, einige Vögel bauen sich überhaupt kein nennenswertes Nest. Die Kleiber hatten sich nach fast einem Monat Arbeit gerade einmal einen Nistplatz geschaffen – das eigentliche Nest aber mussten sie erst noch bauen.

Drei Tage später, am herrlich strahlenden Morgen des 11. April, bebrütete die Kanadagans ihr Gelege. Stockenten quakten, und nachdem die dünnen Eisschichten, die sich in der Nacht zuvor auf dem Teich gebildet hatten, geschmolzen waren, stimmten die Waldfrösche am Abend ihren Gesang an. Das Kleiberweibchen flog immer wieder zu einem hohen Ast in einer Esche und pickte Moosstückchen auf, mit denen es dann umgehend wieder zum Nest hinabtauchte. Jedes Mal, wenn sie in der Nisthöhle verschwand, zwitscherte sie aufgeregt. Zwei bis drei Sekunden später tauchte sie wieder auf und flog zurück zur Esche. Das Männchen hielt sich wie üblich im Hintergrund und rief. War seine Partnerin aber gerade nicht in der Nisthöhle, flog er gelegentlich zum Eingang und warf einen Blick hinein. Wenn er das tat, setzte sie sich auf einen nahe gelegenen Zweig und flatterte zart mit den Flügeln, als ahmte sie einen Jungvogel nach, der um Futter bettelt; dass er auf das Betteln reagiert hätte, habe ich allerdings nie beobachtet.

Wiederum zwei Tage später jedoch, am 13. April – es war wieder kalt geworden, und der Teich war noch einmal zugefroren –, kam das Männchen mit dem Schnabel voller Gras und augenscheinlichen Zedernrindenstreifen zur Nisthöhle. Im Gegensatz zu ihr betrat er die Nisthöhle aber nicht. Stattdessen setzte er sich an den Eingang, ließ das Nistmaterial in die Höhle fallen und setzte sich dann kopfüber an das Einflugloch, um eine Weile später erneut hineinzuspähen.

Das Kleiberweibchen transportierte nun nichts mehr ans Nest, sondern blieb darin und ließ sich von ihrem Partner kleinere Gegenstände bringen. Manchmal steckte sie den Kopf heraus und rief leise flüsternd, manchmal hörte ich auch, wie die beiden Vögel miteinander kommunizierten. Möglicherweise bahnte sich nun die Paarung an.

Im Morgengrauen des 20. April flog das Männchen mehrmals in Folge ans Nest und zwitscherte, seine Partnerin blieb in der Nisthöhle. Manchmal flog er weg und kam ein paar Minuten später mit etwas im Schnabel zurück, das er dem Weibchen übergab. Anschließend hielt er sich noch leise zwitschernd ein wenig am Eingang auf, bevor er auf einen nahe gelegenen Ast hüpfte und zu warten schien. Er flog wieder zum Eingang, »redete« mit ihr, flog erneut auf den Ast und wartete. Um sechs Uhr dreißig schließlich schoss sie auf einmal aus der Nisthöhle heraus und setzte sich auf einen nur etwa einen Meter entfernten Zweig, wo er sich zu ihr gesellte und die beiden Vögel sich dann paarten. All das fand in Bruchteilen von Sekunden statt. An den darauffolgenden Tagen wiederholten die Kleiber dieses Vorspiel- und Paarungsritual auf beinahe exakt dieselbe Art und Weise.

Mittlerweile gab es immer wieder längere Phasen, in denen am Nest nichts passierte.

Am 21. April hatte ich den Eindruck, dass sie nachts in der Nisthöhle blieb, während er sich draußen aufhielt. Zu dieser Zeit konnte ich ihn morgens schon vor Tagesanbruch im Kiefernhain hören.

Am nächsten Morgen ging ich im Dunkeln zum Nistbaum und wartete. Da ich nicht sah, wie sie ins Nest flog, sie später aber daraus hervorkam, musste sie die Nacht in der Nisthöhle verbracht haben. Bei Anbruch des Tages besuchte ihr Partner sie das erste Mal: Er spähte in die Höhle und gab leise, zwitschernde Laute von sich. Zwischen sechs Uhr sechsundzwanzig und sechs Uhr siebenundfünfzig begab sich das Männchen plötzlich fieberhaft auf Nistmaterialsuche – in den einunddreißig Minuten allein sieben Mal. Nach den achtundzwanzig Tagen des Haus- und den anschließenden Tagen des Nestbaus schien die Zeit zum Legen der Eier nun gekommen. Angesichts einer normalen Gelegegröße von sechs bis sieben Eiern, von denen jeden Tag eines kommt, erwartete ich den Brutbeginn in etwa einer Woche.

Um den 7. Mai herum blieb das Weibchen nun mehr oder weniger kontinuierlich in der Nisthöhle, vermutlich brütete es bereits. Ich hatte mir im angrenzenden Baum eine Plattform aus Brettern errichtet, von der aus ich die Vögel aus rund zwei Meter Entfernung beobachten konnte. Sie schenkten mir keinerlei wahrnehmbare Aufmerksamkeit. Für gewöhnlich tauchte das Männchen gegen sechs Uhr morgens aus seinem Nachtquartier im Kiefernhain am Einflugloch auf und zwitscherte, worauf das Kleiberweibchen wie üblich mit leisen, flüsternden Lauten aus dem Nest heraus reagierte. Dann flog er davon und wurde manchmal kurz von ihr begleitet. Auf seine langen *aank*-Rufe aus der Ferne reagierte sie nicht. Näherte er sich jedoch dem Baum mit der Nisthöhle, gab er ein leiseres Rufen von sich, das sie umgehend erwiderte, bevor sie am Einflugloch erschien; hätte ich mich nicht unmittelbar neben den beiden Vögeln aufgehalten, wäre mir ihr beinahe musikalischer stimmlicher Austausch sicherlich entgangen. Manchmal verließ das Weibchen auf die einladenden Rufe des Männchens hin das Nest, und die beiden trafen sich auf einem Ast, wo er ihr ein mitgebrachtes Stück Nahrung anbot, das sie augenblicklich verschlang. Da die ewig hungrigen Jungvögel beim Füttern normalerweise Vorrang haben, nahm ich an, dass sie noch nicht geschlüpft waren. Das Weibchen blieb niemals länger als sechs Minuten außerhalb der Nisthöhle, suchte in dieser Zeit aber häufig kurz nach Futter, dem Augenschein nach winzige Insekten auf Blättern und Ästen.

In der zweiten Maiwoche fütterte das Kleibermännchen das Weibchen weiter, offenbar mit Schnaken und Spinnen. Das allerdings reichte wohl nicht, um ihren Hunger zu stillen, denn in den kurzen Zeitspannen, die sie sich außerhalb der Nisthöhle aufhielt, nun immer in seiner Begleitung, flog sie mit ihm zu meiner Futterstation und pickte die ungeschälten Sonnenblumenkerne auf. Diese trugen sie einen nach dem anderen zu einem Ahornbaum in der Nähe, wo sie sie in eine Ritze der harten Borke steckten, um sie beim Öffnen zu fixieren.

Kehrten sie zum Baum mit der Nisthöhle zurück, suchte sie nicht weit von ihm entfernt häufig weiter nach Futter. Bei diesen Gelegenheiten machte er immer einen nervösen Eindruck und schien sie unbedingt wieder zum Bebrüten der Eier bewegen zu wollen. Er zeigte seine Ungeduld, indem er sich auf einen Zweig nur einen Meter vom Einflugloch entfernt setzte und Flügel sowie Schwanz vibrieren ließ. Flog sie dann nicht augenblicklich zum Nest zurück, flog er zur Nisthöhle, spähte hinein und begann erneut mit dem Vibrieren. Auf dieses dringliche Signal hin kehrte sie jedes Mal zurück, schlüpfte ins Nest und fuhr mit dem Bebrüten der Eier fort.

Ende Mai war ich sechs Tage lang nicht vor Ort. Während meiner Abwesenheit schüttete es an drei kalten Tagen ununterbrochen, und die nächtlichen Temperaturen näherten sich noch einmal dem Gefrierpunkt an. Als ich zurückkam, war die Futterstation leer und auch der Talg war verschwunden.

Ich hatte mich darauf gefreut, die Kleiber beim Füttern der Jungen beobachten zu können. Doch als ich im Morgengrauen des 31. Mai wie üblich meinen Posten in der Nähe des Nests einnahm, sah und hörte ich gar nichts – von den Kleibern keine Spur. Um sechs Uhr dreißig wollte ich gerade wieder gehen, da drang das schwache Rufen des Männchens aus einiger Entfernung zu mir. Ich blieb. Schon bald kam der Kleiber zu einer nahe gelegenen Kiefer geflogen und setzte sein Rufen sechsunddreißig Minuten lang ohne Pause fort, ein Verhalten, das ich noch nie zuvor beobachtet hatte. Und von ihr noch immer keine Spur. Schließlich kam sie dann doch ganz still zur Nisthöhle geflogen und verschwand darin. Einige Augenblicke später hörte ich sie eine oder zwei Sekunden lang darin hämmern, dann wieder Stille. Nach rund dreißig Sekunden tauchte sie wieder auf, immer noch stumm, und flog davon.

Das zwei Sekunden lange Hämmern hatte mich ungeheuer misstrauisch gemacht – es hätte beim Legen oder Bebrüten der Eier oder wenn bereits Junge geschlüpft waren niemals stattgefunden. Vielleicht war es eine Art Übersprungshandlung, eine in der gegebenen Situation wenig hilfreiche Aktivität, die Tiere ausüben, wenn sie frustriert sind und nicht wissen, was sie sonst tun sollen. Etwas musste schiefgelaufen sein.

Ich habe keinen der beiden Kleiber je wieder gesehen oder gehört. Um herauszufinden, was geschehen war, entfernte ich seitlich am Baumstamm ein Stück Holz und legte so das Nest frei. Die Nisthöhle reichte von dem winzigen Einflugloch nur etwa zehn Zentimeter tief ins Holz hinein. Das Nest selbst bestand überwiegend aus weichen Zedernrindenfasern und ein wenig aufgebauschtem Gras, enthielt aber kein Fell und keine einzige Feder. Weder Eier noch Junge waren darin zu finden, noch nicht einmal die Vertiefung einer Nistmulde.

Da mir das seltsam vorkam – das Nest hätte unmöglich die ganze Zeit leer sein können –, nahm ich einen Teil des Nistmaterials heraus. Und da lagen sie tatsächlich, sechs winzige, braun gefleckte Eier. Ich öffnete eines davon: Es enthielt einen teilweise verwesten Embryo.

Normalerweise hätte der brütende Vogel die Eier nicht bedeckt, es sei denn, er hätte vorgehabt, sich eine Weile vom Nest zu entfernen. Das Weibchen, in diesem Fall der alleinige brütende Vogel, hatte die Eier also absichtlich mit Nistmaterial bedeckt und war dann davongeflogen. Das hätte sie nur getan, wenn sie großen Hunger gehabt hätte und sich längere Zeit auf Futtersuche hätte begeben müssen. Ich schloss daraus, dass die Vögel das Nest aufgegeben hatten, weil die Nahrung knapp geworden war; er war nicht in der Lage gewesen, sie zu füttern, weshalb sie selbst in den Wald hatte fliegen müssen, um nicht zu verhungern.

Kanadakleiber sind normalerweise in Nadelwäldern heimisch, befanden sich hier bei mir in Vermont also außerhalb ihres gewöhnlichen Verbreitungsgebiets. Hier gibt es weder Fichten noch Tannen, und die wenigen Kiefern tragen zu dieser Zeit keine Samen. Als die Futterstation leer gewesen war, hatte die einzig wahrscheinliche oder auch nur mögliche Nahrung aus Insekten bestanden, die während der drei nasskalten Tage wiederum nicht aktiv gewesen waren.

Für Menschen und Vögel gleichermaßen erfordert das Schaffen eines Heims mehr als nur ein Haus. Die Kleiber hatten sich zwar einen Platz zum Leben geschaffen, doch ohne die passende Umgebung hatte dieser ihnen wenig genützt. Wie die Sonnenblumenkerne, auf die die Vögel hinsichtlich ihres Überlebens gebaut hatten, sind auch unsere Lebensmittelvorräte risikobehaftet: Wir beziehen sie aus großer Entfernung. Doch andererseits sind Sonnenblumenkerne in einer Futterstation vielleicht verlässlicher als die meiste andere Vogelnahrung.

In manchen Jahren tragen alle Fichten in einem bestimmten Gebiet ein Übermaß an Samen, und die Eichen und Buchen stellen mit ihren Früchten ebenfalls wahre Füllhörner dar. Doch schon in den darauffolgenden Jahren können die Bäume ausgesprochen unproduktiv sein. Und was dann? Was, wenn man sich auf keine Zeit und keinen Ort verlassen kann? Was, wenn man ein Fink, ein Kanadakleiber oder ein Blauhäher ist und die Ernte ausbleibt? Dann könnte man entweder weiterziehen und auf sein Glück vertrauen oder bleiben und flexible Entscheidungen treffen. Eine gute Wahl setzt Intelligenz voraus – und davon, so heißt es, besitzen die ebenfalls zu den Rabenvögeln gehörenden Blauhäher eine Menge.

9
Die Sprache der Blauhäher

Die Intelligenz und die Sprachbegabung der Blauhäher sind schon länger Gegenstand des Interesses. Bereits vor anderthalb Jahrhunderten hat sich Mark Twain in seiner berühmten Kurzgeschichte »What Stumped the Blue Jays« über das Thema ausgelassen, und deren erster Satz duldet keinerlei Widerspruch: »Natürlich sprechen Tiere miteinander, daran ist nicht zu zweifeln; doch es ist anzunehmen, dass es nur sehr wenige Menschen gibt, die sie verstehen.«

Twains Protagonist, Jim Baker, ein »einfältiger Bergwerksarbeiter mittleren Alters aus einer einsamen Ecke Kaliforniens«, ist davon überzeugt, dass Blauhäher miteinander sprechen. Er erzählt von einem Häher, der einmal ein Astloch im Dach seiner Blockhütte mit Eicheln füllen wollte. Da das gar nicht so leicht war, bat der Häher seine Freunde um Hilfe, die er auch bekam: Die Schar hatte schließlich die gesamte Hütte mit Eicheln gefüllt. Ich habe zwar so meine Bedenken, was den Wahrheitsgehalt verschiedener Teile dieser Geschichte angeht, doch glaube auch ich, dass Blauhäher miteinander sprechen – wenn auch nicht unbedingt in der englischen oder irgendeiner anderen uns bekannten Sprache.

***

Im Morgengrauen eines Tages gegen Ende April 2007 saß ich halb versteckt in den Ästen einer Kiefer. Nicht weit von mir entfernt drückte sich ein Blauhäherpaar herum, dessen leise Rufe aus den noch unbelaubten Schneeballsträuchern unter mir drangen. Als sich das Männchen seiner Partnerin näherte, imitierte diese einen Jungvogel: Sie flatterte mit den Flügeln und sperrte den Schnabel auf. Er verstand und fütterte sie. Daraufhin brach sie einen trockenen Zweig vom Strauch, und beide flogen zu dem Nest, das sie in einer kleinen Fichte im Wald zu bauen begonnen hatten. Sechs Tage später zog das Paar feine Wurzeln aus der Erde, um das

Nest damit auszukleiden, wobei die Vögel leise, rasch aufeinander folgende, piepsende Laute von sich gaben. Ihre Rufe hörten sich an wie ein Flüstern, das nur für die Ohren des jeweils anderen bestimmt war und im krassen Gegensatz zum üblichen Lärm der Spezies stand.

Die lauten Rufe der Häher erklingen sowohl einzeln als auch mehrmals hintereinander. Lautstärke, Tonhöhe und Schnelligkeit variieren. Wir bezeichnen die Lautäußerungen des Vogels oft als Schimpfen oder Meckern, ebenso wie die eines anderen, uns äußerst vertrauten Tieres aus den Wäldern der nördlichen Hemisphäre: Auch das Eichhörnchen protestiert laut und stampft auf dem Ast über uns sogar mit den Füßen auf, wenn wir in sein Revier eindringen – ein nicht gerade einladendes Schauspiel. Der einzige Unterschied zum Verhalten des Blauhähers, so scheint es, besteht darin, dass Letzterer nicht mit den Füßen aufstampft.

Beim fernen Ruf eines Hähers fragte ich mich oft, worüber sich der Vogel wohl aufregen mochte. Meine Vermutung war, dass ihn eine Eule, ein Hirsch, ein Reh, ein Fuchs oder irgendein anderes Tier so in Rage brachte. Ich habe das oft zu verifizieren versucht, doch obwohl Häher auf Eulen hassen, fand ich meist gar nichts. Andererseits sind Wild und andere Waldtiere sowohl weitverbreitet als auch schwer zu sehen, was meine Hypothese vom Häher, der durch sein Rufen von der Anwesenheit seiner Waldmitbewohner kündet, nicht leicht widerlegbar macht. Außerdem sind die Vögel ständig in Bewegung, sodass Häher und anderes Tier längst verschwunden waren, wenn ich endlich die Stelle erreichte, von der das Rufen gekommen war – wenn sich überhaupt ein anderes Tier in der Nähe aufgehalten hatte. Wahrscheinlich nicht: Ich habe rufende Häher schon oft beobachtet und dabei höchstens zufällig einmal etwas gesehen, das den Vogel alarmiert haben könnte. Auch ich selbst bin nie Gegenstand seiner »Beschimpfungen« geworden, es sei denn, ich war dem Nest zu nahe gekommen. Ganz im Gegensatz zu den Eichhörnchen, die mich bei Hunderten von Gelegenheiten »angemeckert« hatten. Und wenn ein Häher schon nicht Alarm schlägt, sobald ein Mensch sich ihm nähert, warum sollte er sich dann über einen Hirsch, ein Reh, einen Elch oder andere große Tiere ereifern, die den Wald durchstreifen?

Ich hatte also keine Ahnung, was die meisten der Blauhäherrufe bedeuteten – ich vermutete lediglich, dass sie mehr zu bedeuten hatten, als bloß Artgenossen herbeizuholen, mit denen sie dann gemeinsam auf Eulen oder Greifvögel hassten. Ich beschloss, dem systematisch näher auf den Grund zu gehen. Ich hatte im Laufe der Jahre zwar zahlreiche Notizen von Zeitpunkt und Ort der Blauhäherrufe gemacht, damit aber eigentlich nur herausgefunden, dass die Vögel eher im Sitzen als im Fliegen rufen. Außerdem sieht man sie entweder einzeln oder höchstens zu zweit. Um diesen Eindruck zu bestätigen, sammelte ich Zahlen, und zwar sowohl im Wald in meiner näheren Umgebung als auch bei Autofahrten. Dabei verzeichnete ich hundertachtundsechzig Einzelsichtungen, zweiunddreißig Paarsichtungen sowie zehn Sichtungen von drei und vier Sichtungen von vier Hähern auf einmal. Die vielen Vögel, die ich nur hörte, aber nicht sah, zählte ich nicht mit.

Die Beobachtung, dass Blauhäher meist dann rufen, wenn sie sitzen und allein sind, kam mir seltsam vor. Bei den meisten Vogelarten sind die Scharen vor allem im Flug auffällig und manchmal auch kontinuierlich laut – die Blauhäher aber verhielten sich im Flug für gewöhnlich ruhig. Witzigerweise waren sie zu den seltenen Gelegenheiten (davon später mehr), zu denen sie sich in Gruppen versammelten, entweder sehr laut oder ganz still – je nachdem, ob sie überwiegend saßen oder flogen. Warum riefen sie, wenn sie allein waren, warum waren sie in Scharen laut? Ich war mir sicher, dass die Einzelheiten und Umstände ihrer Lautäußerungen etwas zu bedeuten hatten, ich war mir nur nicht sicher, was genau.

Ungewöhnliche Begegnungen mit Hähern in freier Wildbahn boten mir verschiedene Gelegenheiten für Naturexperimente, und eine dieser Gelegenheiten hatte ich, während ich mir meinen Weg durch ein Dickicht junger Erlen und Kiefern bahnte. Ich stolperte beinahe über ein Blauhähernest auf Augenhöhe, aus dem an einem Ende die Schwanzspitze des Elternvogels herausragte. Der Vogel starrte mich geradewegs an und rief dann laut. Innerhalb von Sekunden kam der zweite Elternvogel herbeigeflogen und schimpfte ebenfalls ohrenbetäubend. Der Aufruhr hatte zur Folge, dass sich keine Minute später sechs weitere Blauhäher in den nahe gelegenen hohen Pappeln und Ahornbäumen versammelt hatten. Sie wippten mit dem Kopf auf und ab und gaben sowohl klappernde als auch zweinotige, flötenähnliche Rufe von sich, die sich deutlich von den aufgeregten Schreien des Paars im Nest neben mir unterschieden.

Die vielfältigen Lautäußerungen der sechs Neuankömmlinge klangen allerdings nicht nach Warnrufen. Ich denke, sie erkannten, dass ich nicht zu den Erzfeinden der Häher, den Eulen und Greifvögeln, gehörte, die sie aufgrund der alarmierten Schreie des nistenden Paars zweifelsohne erwartet hatten. Mich zu sehen – einen Menschen, der ganz ruhig dastand und offensichtlich nichts Böses im Schilde führte –, hat die Vögel wahrscheinlich verwirrt, und so zerstreuten sie sich beinahe so schnell wieder, wie sie erschienen waren. Das Nistpaar hingegen blieb. Da ich mich immer noch nicht rührte, flog schließlich auch einer der Elternvögel davon.

Die Rufe des Paars am Nest mit den Jungen hatten auf mich abgezielt, als Warnung an einen vermeintlichen Fressfeind. Die sechs anderen Blauhäher, die von den nistenden Vögeln herbeigerufen worden waren, boten im Grunde keine Hilfe – außer vielleicht, dass sie dem Paar durch ihr Verhalten signalisiert hatten, dass ich keine Bedrohung darstellte.

Kommen Blauhäher demnach immer herbeigeflogen, wenn ein nistendes Artgenossenpaar Alarm schlägt? Das wollte ich herausfinden, und so verließ ich das Nest, um eine halbe Stunde später zurückzukehren. Würde sich das vorherige Szenario wiederholen? Es war wieder nur ein Vogel am Nest, dieses Mal aber blieb er ganz ruhig. Ich durfte sogar ins Nest greifen und die drei fast schwarzen, noch unbefiederten Jungen berühren. Der anwesende Elternvogel rief lediglich ein- oder zweimal, schüttelte das Gefieder und pickte auf einen Ast ein, erschien dann aber noch ruhiger als zuvor. Ich beobachtete die Szene weitere zehn Minuten lang; nach einer Weile war der Vogel so entspannt, dass er verschwand. Ich tat dasselbe, wollte allerdings später wiederkommen und die Elternvögel noch einmal zum Rufen animieren – vielleicht tauchten ja auch die sechs anderen Blauhäher wieder auf.

Als ich mich erneut dem Nest näherte, saß wieder einer der Altvögel darauf. Er flog davon, und um ihn zu provozieren, hob ich eines der Jungen aus dem Nest. Dieser Trick funktionierte: Der Vogel flog ganz dicht an mich heran und schimpfte sogar noch lauter als zuvor. Daraufhin kam umgehend auch der zweite Elternvogel dazu und ließ kurze, schrille, zweinotige Rufe sowie rollende, flüssige, auf- und abschwellende Doppelschreie vernehmen. Da ich keine Ahnung hatte, was sie bedeuteten, blieb ich und wartete darauf, was weiter geschehen würde. Die Rufe wurden lauter, länger, schriller und häufiger, bis einer der Vögel schließlich so nah an meinen Hinterkopf heranflog, dass ich einen Lufthauch von den Flügelschlägen spüren konnte. Danach zeigte er mir auch von vorn, wie verärgert er war, indem er auf Zweigen herumhämmerte und Blätter von Ästen riss. Da ich mit meiner bloßen Anwesenheit keinen Schaden anrichten konnte – dass Jungvögel von den Eltern verlassen werden, wenn ein Mensch sie berührt hat, ist ein Mythos –, blieb ich für mindestens weitere zehn Minuten, in denen das Schimpfen der Altvögel nicht nachließ. Doch eine Antwort auf die Alarmrufe der Häher von Artgenossen aus dem Wald hörte ich nicht. Ich wiederholte das Experiment in den Tagen danach noch zweimal und dann noch einmal elf Tage nach der ersten Begegnung. Zu diesem Zeitpunkt waren die drei Jungen vollständig befiedert, doch das Ergebnis war jedes Mal dasselbe. Es passt zwar nicht in das Bild, dass Häher durch ihre Alarmrufe andere Häher zu Hilfe holen, widerspricht ihm aber auch nicht. Vielleicht waren die sechs Vögel nur auf der Durchreise gewesen oder sie hatten gelernt, dass ich dem nistenden Paar nicht gefährlich werden würde, und das Interesse an mir verloren.

Manche Häherarten haben Helfer am Nest (meist der Nachwuchs aus früheren Gelegen), die das nistende Paar dabei unterstützen, die Jungen zu beschützen und aufzuziehen – von Blauhähern ist dies allerdings noch nie berichtet worden. Ich war mir nach meinen Beobachtungen ziemlich sicher, dass dieses Nest nicht von Helfern verteidigt wurde und dass die sechs anderen Blauhäher, die auf einige der Alarmrufe hin erschienen waren, nicht die Funktion von Helfern hatten. Ihr Verhalten erinnerte mich eher an das Sammeln von Informationen: Sie hatten den Grund für die Rufe herausfinden wollen, um zu erfahren, wovor sie sich selbst möglicherweise in Acht nehmen sollten. Das Verhalten des Partners und potenzieller Nesthelfer wiederum diente dem Zweck, Fressfeinde zu vertreiben. Übrigens vermute ich, dass auch die sogenannten Begräbnisse, an denen die Vögel angeblich teilnehmen, also das Versammeln um einen toten Artgenossen herum, eine Variation dieses Verhaltens sind.

Aus meinen Beobachtungen am Nest der Blauhäher und ähnlichen Erfahrungen, die ich mit einem Rotschwanzbussard und einem Streifenkauz gemacht hatte, schloss ich, dass die Rufe der Vögel durchaus Artgenossen anlocken können, wie uns der Volksmund weismachen will. Dies erklärt aber nicht, warum die zahllosen anderen Blauhäherrufe, die ich im Wald gehört hatte, *keine* anderen Häher angelockt hatten, sei es nun in Scharen oder vereinzelt. Sicherlich haben verschiedene Rufe auch verschiedene Bedeutungen, und vielleicht lag des Rätsels Lösung in den Rufvariationen – in der Lautstärke, im Tonfall, in der Wiederholungshäufigkeit, in der Tonhöhe und anderen Nuancen –, die mein Methodenrepertoire und meine Forschungsmöglichkeiten jedoch überstiegen.

Blauhäher versammeln sich auch zu einer anderen Gelegenheit, einer Gelegenheit, die mit einer ganz anderen Art von Aufregung verbunden ist. Und diese Aufregung findet nur an den ersten warmen Tagen des beginnenden Frühjahrs statt, von Ende Februar bis Ende März, wenn die Blauhäher zusammenkommen, manchmal in recht großer Anzahl, um einen stundenlangen gesellschaftlichen Schwatz zu halten.

Die wenigen dieser Frühlingspalaver, die ich je beobachtet habe, bestanden aus elf bis zu über dreißig Hähern und dauerten einige Stunden bishin zum Großteil des Tages. Vielleicht wurde ich aber auch nur Zeuge des Höhepunkts solcher Versammlungen, so wie am 18. April 2007 um neun Uhr morgens, als sich fünfundzwanzig Blauhäher in kurzer Zeit auf den Wipfeln hoher, noch unbelaubter Eschen an einer Lichtung auf einem Hügel einfanden. Ich konnte nur staunend zusehen, während die Vögel mehrere Stunden lang lautstark riefen, klappernde Geräusche machten, sich voreinander verbeugten und in kleinen Gruppen umherflogen. Wie es zu dieser Versammlung gekommen war, hatte ich nicht beobachtet. Doch eine andere, die am 8. März 2014 direkt an meiner Blockhütte stattgefunden hatte, hatte sich ganze zwei Tage lang angedeutet und mir so ausgiebig Gelegenheit gegeben, Informationen zu sammeln.

Der 6. März war einer dieser idyllischen vorfrühlingshaften Tage in Maine gewesen, kalt, aber strahlend schön. Die Sonne schien hell am kobaltblauen Himmel, der Boden war noch immer von tiefem Schnee bedeckt, die Bäume hatten noch keine Blätter. Um sieben Uhr morgens war noch kein Häher an der Futterstation; deshalb überraschte es mich, als gleich darauf sechs der Vögel in einer Gruppe in den obersten Ästen einer hohen Fichte am Rand meiner Lichtung landeten. Dort saßen sie dann, still und im dichten Geäst versteckt. Seltsam, dachte ich. Ich wartete eine halbe Stunde, sah oder hörte aber nichts. Waren sie unbemerkt weggeflogen, als ich Holz im Ofen nachgelegt hatte? Das wollte ich herausfinden. Ich nahm meine Axt, um sie an den Baum zu schlagen und die Vögel damit aufzuscheuchen, wenn sie noch da waren, und ging über die knirschende Schneedecke zur Fichte. In dem Augenblick, in dem ich dort ankam, flogen die Blauhäher auf und zerstreuten sich im Wald. Bald darauf hörte ich, wie sich die Vögel miteinander unterhielten – das Geräusch verbreitete sich über mehr als einen Quadratkilometer –, doch waren es nun definitiv nicht mehr nur sechs Häher.

Zwei Tage später waren die Temperaturen auf sieben Grad Celsius angestiegen – die bislang wärmste Tagestemperatur in diesem Frühjahr. Die Sonne schien wieder hell, und plötzlich wimmelte es in der näheren Umgebung der Hütte nur so von Blauhähern. Einer landete ganz oben in derselben Fichte, in der sich die sechs Vögel zuvor aufgehalten hatten, doch im Gegensatz zu Letzteren rief dieser Häher. Bald schon kamen Antworten aus dem ganzen Wald. Die Vögel landeten in Zweier-, Dreier- oder größeren Gruppen auf meiner Lichtung und setzten sich in die Wipfel der noch blattlosen Ahornbäume. Zu zweit oder zu dritt bewegten sie sich auf und ab wie bei einer Liegestützübung. Begleitet wurde das seltsame Gebaren von einer wahren Kakofonie schriller, doppelnotiger Rufe, die so rasch aufeinander folgten, dass sie beinahe ineinander übergingen. Zudem waren lang gezogene, klappernde Rufe zu hören sowie mindestens sechs weitere, deutlich voneinander unterscheidbare Laute. Um acht Uhr waren die Vögel dann verschwunden.

Um elf Uhr fünf kam eine Gruppe von elf Hähern angeflogen und veranstaltete einen ganz ähnlichen Radau. Die Vögel erschienen nun überwiegend paarweise; sie saßen beieinander, machten energisch ihre Liegestütze und riefen sogar noch unterschiedlicher als vorher. Gegen Mittag waren alle wieder im Wald verschwunden, wo sie ihre üblichen Rufe von sich gaben. Da diese Art von Häherpalavern ausschließlich im Frühjahr stattfindet, rund einen Monat vor dem Nisten, dienen sie möglicherweise der Partnersuche: Die einzelnen Vögel treffen sich, werben umeinander, lernen einander kennen und schließen sich dann vielleicht zu Paaren zusammen.

Abgesehen vom Vertreiben der Fressfeinde und dem Heiratsmarkt gibt es noch andere Gründe für große Blauhäheransammlungen. Im April 2012 sah ich, wie siebzehn Blauhäher gemeinsam über den Wald flogen. Und am 19. Mai – die Paare waren an ihren Nestern beschäftigt – bekam ich eine größere Schar als jemals zuvor zu Gesicht: neunundzwanzig Blauhäher, die in einer losen Gruppe ganz still vorüberflogen. Sie brüteten in diesem Jahr wahrscheinlich nicht, sonst wären sie ebenfalls schon damit beschäftigt gewesen, waren aber auch keine Jungvögel mehr.

Fünfzehn Monate später, am 12. August 2013, machte ich in der Nähe meiner Blockhütte eine ähnliche Beobachtung. An diesem Tag, es war schon später Nachmittag, war es bewölkt. Ich hatte seit Wochen keine Blauhäher mehr gehört, doch jetzt flog eine Schar von etwa fünfundzwanzig einzelnen Vögeln über mich hinweg. Wie auch die anderen vorüberziehenden Gruppen, aber ganz im Gegensatz zu den Hähern der Frühlingspalaver, waren sie ganz still. Nichtsdestotrotz vernahm ich in den darauffolgenden Wochen öfter Blauhäherrufe aus dem Wald. Zu dieser Zeit im Spätsommer gibt es weder Eicheln noch Bucheckern, die Lieblings- und/oder Hauptnahrung der Vögel im Herbst. Die ersten Früchte der Roteichen würde es frühestens in einer Woche an vereinzelten Stellen im Wald geben. Vielleicht machten sich die Vögel schon auf den Weg, um sie zu suchen. Baumsamen und -nüsse sind normalerweise auf weit verstreuten Gebieten verfügbar; die Vögel, die sich von ihnen ernähren – Finken, Rotkehlchen und Seidenschwänze –, tun sich in Gruppen zusammen, deren viele Augen die Stellen leichter finden, an denen es aufgrund der Überfülle an Nüssen und Samen außerdem kaum zu Nahrungskonkurrenz kommt. Vielleicht schließen sich aus demselben Grund auch Blauhäher zu Scharen zusammen, die längere Strecken gemeinsam überwinden, um die saisonal und nur verstreut vorhandene Nahrung zu suchen.

Im Laufe von einundzwanzig Jahren habe ich insgesamt achtzehn solche Scharen stiller Vögel gesehen, die tief über den Wald flogen: zehn im Frühling und acht im Herbst. Was die Größe der Scharen betrifft, konnte ich kein Muster erkennen, sie reichte von fünf bis dreißig Vögel. Die Richtung war von Norden nach Osten im Frühling und im Herbst von Süden nach Westen. Da diese Sichtungen jedoch äußerst sporadisch waren und ich für gewöhnlich keinen Kompass bei mir trage, konnte ich die Richtung lediglich schätzen. Darüber hinaus flogen die Vögel wie gesagt tief, weshalb ich vielleicht nicht immer alle gesehen habe – die hier festgehaltenen Zahlen sind also nur das Minimum.

Was wegzieht, kann allerdings auch wiederkommen. Bis zum 25. Mai 2014 musste sich erneut eine Häherschar um meine Hütte herum versammelt haben, denn danach hörte und sah ich sie ständig, einzeln und in Paaren, »überall«. Während einer Plage kleiner, schwarzer Käfer, die über das Blattwerk junger Bäume herfielen, sah ich manchmal bis zu vier Häher gleichzeitig in einem Baum. Es kamen auch welche an die Futterstation, doch angesichts der Rufe im umgebenden Wald waren diese in der Minderheit. Am 30. Mai war noch immer jede Menge Häheraktivität in der Nachbarschaft zu verzeichnen. Sie waren tatsächlich überall: Ich sah sie zu zweit und in losen Gruppen, aber vor allem hörte ich sie. Vom Anbruch des Tages bis zum späten Nachmittag hallten ihre Stimmen von allen Seiten der Lichtung bis weit in den Wald hinein wider. Die Vielfalt ihrer Rufe, die verschiedenen Zwischentöne, Tonhöhen, Abfolgen und Wiederholungen, erstaunte mich immer mehr.

Die Anzahl von Blauhähern korreliert mit dem Nahrungsangebot, das bei Weitem nicht immer gleich ist. Im Herbst 2013 trugen die Buchen Samen, und so sah ich am 7. September auch wieder Häher, nachdem ich monatelang keine gesehen hatte. Am Nachmittag des 12. September hörte ich das plötzliche und örtlich stark begrenzte Geschrei einer Gruppe Blauhäher. Ich folgte dem Lärm in den Wald hinein, um die Ursache des Aufruhrs herauszufinden, konnte aber keine zentrale Stelle wie beispielsweise eine Eule ausmachen. Zwei Häher flogen in eine Richtung davon, drei in eine andere, während zwei weitere Häher in meiner Nähe blieben; wieder andere hüpften in einem Ahornhain herum, einige verteilten sich auch auf die umliegenden Fichten. Wann immer ein paar der Vögel zusammentrafen, gaben sie relativ leise Rufe von sich. Eine halbe Stunde später, die Blauhäher hatten sich nun weiter zerstreut, näherte ich mich der Stelle aus einer anderen Richtung und stieß auf neuen Aufruhr. Die meisten der Häher hielten sich im dichten Wald auf, wo sie sicherlich keinen Sichtkontakt miteinander hatten. Vielleicht dienten die stimmlichen Äußerungen lediglich der Orientierung zueinander, also wer sich während einer Versammlung wo aufhielt. Danach sah ich oft mehrere Häher gemeinsam in dem nahe gelegenen Buchenhain, allerdings waren die Tiere beim Bucheckernsammeln fast immer still.

Die Frage nach der Funktion der Gruppenflüge beantworteten diese Beobachtungen nicht; ich konnte daraus lediglich schließen, dass sich Häher zu Gruppen zusammenschließen und dass größere Gruppen aus mehr als einer Häherfamilie bestehen müssen. Es hatte demnach den Anschein, als lebten die Tiere weder strikt einzelgängerisch noch auf allein ein Heimatrevier beschränkt. Doch selbst wenn ihr Rufen vermuten ließ, der Wald wäre voller Häher, flogen die Vögel nicht in Scharen darin umher. Bildeten sie dennoch eine Gruppe, eine, die beim Flug über den Wald die Verbindung über den Sichtkontakt und im Wald über den stimmlichen Austausch hält?

Leider konnte ich keine einzelnen Blauhäher identifizieren, außer einen, dem ich aufgrund seines markanten nasalen Klangs den Spitznamen Näsler gab und den ich ab dem 12. September 2013 bis zum darauffolgenden Herbst und dann wieder im folgenden Jahr ziemlich häufig hörte. Es ist recht wahrscheinlich – und trotzdem faszinierend, über diese Möglichkeit zu spekulieren –, dass sich auch die einzelnen Mitglieder einer Hähergruppe anhand ihrer Stimmen gegenseitig identifizieren können.

Die Gelegenheiten, zu denen Häher sich versammeln, sind selten, und meist finden diese Versammlungen unter eher prekären Umständen statt: um auf einen Fressfeind zu hassen, beim Rendezvous zur Partnerwahl oder um gemeinsam lange Strecken zurückzulegen. Weit häufiger kommt es vor, dass sich die Vögel einzeln und weit verstreut im Wald aufhalten. Dadurch stellt sich die Frage, was der Vogel von seinem Einzelgängertum hat. Und die Antwort auf diese Frage findet sich vielleicht in der Antwort auf eine andere: Was tut der Häher allein im Wald? Ich beschloss, einem zu folgen und es herauszufinden.

18. November 2011. Die Sonne war gerade aufgegangen, und der Morgen im Wald um meine Blockhütte herum war ruhig und kalt. Hoch oben in einem großen Zucker-Ahorn saß ganz in meiner Nähe ein Blauhäher, plusterte sich auf und drehte den Kopf bald hierhin, bald dorthin. Ich stand mit einer Tasse heißem Kaffee auf der Lichtung, um die Sonne und alles, was sonst noch kommen mochte, zu begrüßen und auf das Blauhäherpaar zu warten, das seit Monaten täglich meine Futterstation besuchte. Es ließ mich auch dieses Mal nicht im Stich.

Ich ging in die Hütte zurück, um mich am Holzfeuer in dem großen eisernen Ofen zu wärmen. Es passierte erst einmal nichts Besonderes, bis ich einige Minuten später die langen, schrillen Rufe eines Blauhähers vernahm, einen nach dem anderen, ununterbrochen mehrere Minuten lang. Sie kamen aus dem Wald, aus etwa einhundert Meter Entfernung. Die Beharrlichkeit des Vogels war ungewöhnlich, und so fragte ich mich, ob er durch irgendetwas aufgeschreckt oder zumindest überrascht worden war, wie es die allgemein akzeptierte Interpretation von Schreien nahelegt.

Ich machte mich auf den Weg, um die Ursache des fortgesetzten Rufens herauszufinden. Wie üblich hüpfte der rufende Vogel scheinbar unbekümmert umher und sah sich willkürlich in verschiedene Richtungen um. Doch da hörte ich plötzlich ein schwaches Rufen, das aus etwa einem Kilometer Entfernung aus dem Osten kam. Ob es reiner Zufall oder eine Antwort war, konnte ich nicht sagen. Jedenfalls war »mein« Häher sofort still, während es aus der Ferne erneut rief. Anschließend wiederholte sich das Ganze: »Mein« Häher rief, der andere antwortete, dieses Mal näher, dann war meiner wieder still, und der andere rief weiter, wobei er jedes Mal ein wenig näher kam.

Ich hatte schon beobachtet, wie einzelne Häher vom Wipfel eines Baums aus rufen, stumm davonfliegen, in einem anderen Baumwipfel landen, erneut rufen und das Muster dann wiederholen, wobei sie sich immer weiter in eine bestimmte Richtung bewegen. Nun bewegte sich der weiter entfernte Häher den Hang hinauf, und meiner flog zum östlichen Rand der Lichtung an genau die Stelle, an der der zweite Vogel kurz darauf erschien.

Ein Blauhäher mit einer Eichel im Schnabel.

Sie landeten im selben schon lange kahlen Rot-Ahorn und schienen einander zwar zu ignorieren, gaben dabei aber die leisen, flüsternden Rufe von sich, die ich von Blauhäherpaaren her kannte. Anschließend flogen beide zu meiner Futterstation, füllten ihren Kehlsack mit Samen und flogen separat hoch über dem Wald davon. Anscheinend kann das Heimatgebiet des Blauhähers riesig sein. Im dichten Wald ist es für ein Paar oder die Vögel einer Gruppe möglicherweise sinnvoller, auf eigene Faust und nicht gemeinsam nach Nahrung zu suchen, solange diese Nahrung aus zerstreuten kleineren Stücken besteht, die einzeln aufgespürt werden müssen. Doch wenn die beiden Häher, die ich gerade gesehen hatte, ein Paar waren, wie stand es dann mit einer erweiterten Familie oder einer sozialen Gruppe?

6. November 2013. An diesem windstillen Morgen war ich bereits vor sieben Uhr im Wald. Schon bald hörte ich die typischen, langen Häherrufe, zuerst aus nördlicher Richtung, dann aus Süden, Osten und Westen. Nach mehreren Minuten, in denen es wieder still war, ertönte ein weiterer Ruf und anschließend noch einer aus mindestens einem halben Kilometer Entfernung. Ich setzte mich auf einen Stein und wartete. Ein lärmendes Kanadakleiberpaar flog in einer Schar zwitschernder Meisen durch den Wald. Plötzlich tauchte ein Blauhäher auf und landete rund zweihundert Meter von mir entfernt hoch oben in einer riesigen Rot-Fichte. Ich rührte mich

nicht. Stumm hüpfte der Vogel durch das dichte Geäst des Baumwipfels und pickte mal hier, mal dort, als suchte er nach Nahrung. Einige Minuten später gab er, ohne seine Erkundung des Astgewirrs zu unterbrechen, ein paar der üblichen langen, lauten, zweinotigen Rufe von sich. Hin und wieder kürzte er die Rufe zu einer Dreierfolge ab, variierte die Tonhöhe, wurde langsamer oder beschleunigte das Tempo. Die ganze Zeit über hüpfte er weiter, pickte an den Ästen herum und suchte nach Nahrung.

Etwa einen Kilometer entfernt hörte ich den schwachen Ruf eines weiteren Blauhähers. Der Vogel, den ich gerade beobachtete, schien davon unbeeindruckt und widmete sich weiter den Zweigen zu seinen Füßen. In insgesamt rund fünfundzwanzig Minuten kam er nur etwa dreihundert Meter weit. Er gab zwei oder drei unterschiedliche Rufe von sich, einen etwas schrilleren und eine Reihe tieferer, leiserer Töne. Ich konnte weit in den blattlosen Ahornwald hineinsehen, aber keinen anderen Blauhäher erkennen. Nach einer halben Stunde flog der Häher in meiner Nähe, ohne zu rufen in nordöstlicher Richtung, aus der ich davor nichts gehört hatte, davon. Anscheinend hatte er die ganze Zeit über Selbstgespräche geführt – aber war er dabei vielleicht von Artgenossen gehört worden?

Diese Einzelbeobachtungen eines Blauhähers im Wald waren vielleicht nur im Zusammenhang damit, was zwei Stunden später im selben Wald geschah, von Interesse. Ich hörte einen Rotschwanzbussard rufen und sah ihn tief an den Silhouetten der Bäume vorbeigleiten. Bald darauf war er aus meinem Blickfeld verschwunden. (Es war gut, dass ich ihn auch gesehen hatte, denn das bestätigte mir, dass es wirklich ein Rotschwanzbussard gewesen war – die um meine Hütte herum heimischen Häher imitieren die Rufe der Rotschwanz- und die ganz anderen der Breitschwingenbussarde bis zur Perfektion.) Fast sofort darauf begann ein Blauhäher zu rufen, und erst zwei, dann drei weitere Blauhäher stimmten in die Rufe ein. Keine Minute später waren so viele Häher zu hören, dass ich die einzelnen Stimmen nicht mehr unterscheiden konnte. Im Durcheinander der Rufe flog plötzlich ein Häher aus der Ferne in Richtung des Tumults über mich hinweg. Diese Schreie waren ganz anders als die des einzelnen Vogels, der nach Nahrung gesucht hatte und der vielleicht gehört, dem in der Regel aber nicht geantwortet worden war. Fünfzehn Minuten später herrschte wieder Stille. Vor dem Auftauchen des Greifvogels und vermutlich auch danach müssen sich viele Häher im umliegenden Wald aufgehalten haben und sie alle hatten sicherlich auch den nach Nahrung suchenden Vogel gehört.

Ab da bis in den April hinein hörte ich die Häher jeden Tag mehrmals – auf einer zehn Kilometer langen Feldwegstrecke fast überall. Sie flogen in Zweier- oder Dreiergruppen in anscheinend willkürliche Richtungen, und es verging kaum ein Augenblick, in dem ich keine Häherrufe aus dem Wald vernahm. Das aber hörte am 7. April mehr oder weniger schlagartig auf. Ich bekam keinen der Vögel mehr zu Gesicht, der Wald war wie leer gefegt. Nur ein einziges Paar blieb in der Nähe meiner Hütte.

Meine Beobachtungen stimmen mit der Schlussfolgerung überein, dass Blauhäher in den nordöstlichen Wäldern zwar manchmal allein nach Nahrung suchen, dass sie dies oft aber gezwungenermaßen tun. Mit ihren lauten Rufen im ansonsten stillen Wald holen sie weder Artgenossen herbei noch warnen sie sie; stattdessen dienen die Rufe wahrscheinlich als entferntes Signal der eigenen Anwesenheit oder der Anwesenheit einer sozialen Gruppe. Nichtsdestotrotz rufen Blauhäher tatsächlich Artgenossen herbei, allerdings durch andere Schreie, die die Aufmerksamkeit auch auf sie selbst lenken.

Die verstreuten Blauhäher gehören manchmal einer Schar an, die allerdings nicht den Eindruck einer solchen erweckt, weil die Vögel einzeln nach weit im Wald verstreuter Nahrung suchen. Wenn die Tiere andererseits neue Nahrungsgründe erschließen oder wenn die Nahrung gehäuft vorkommt, wie das bei den nur an bestimmten Orten und nur zu bestimmten Jahreszeiten zur Verfügung stehenden Eicheln oder Bucheckern der Fall ist, müssen sie dafür auch einmal längere Strecken zurücklegen, was sie dann in Gruppen tun. Im wahrsten Sinne des Wortes haufenweise kommt solche Nahrung nur im Herbst vor, wobei die Menge an einem bestimmten Ort von Jahr zu Jahr variiert. Im Herbst 2014 beispielsweise gab es im Gegensatz zu 2013 an meinem Studienort in Maine weder Bucheckern noch Eicheln. Letztere kamen in diesem Jahr nur äußerst ungleich verteilt vor: In manchen Gegenden auf meinem Weg zwischen Maine und Vermont trugen die Amerikanischen Roteichen nur wenige oder gar keine

Früchte, in anderen waren die Bäume geradezu überladen mit ihnen. Eine Form, mit dieser Art der sowohl örtlich als auch zeitlich unregelmäßigen Nahrungsverteilung umzugehen, besteht im Anlegen von Vorräten. In den nördlichen Wäldern allerdings können sich die Blauhäher darauf nicht verlassen, weil dort meist zu viel Schnee liegt und die Vögel im Winter nicht mehr an ihre Verstecke herankommen. Irgendwie aber schaffen sie es trotz nahrungsbedingtem Standortwechsel den sozialen Zusammenhalt zu wahren und auch eine Gruppenorganisation aufrechtzuerhalten, ohne kontinuierlich Gruppen zu bilden. Sind sie von den anderen getrennt, bleiben sie stimmlich in Kontakt, damit sie sich wieder zu einer Gruppe zusammenschließen und weiterziehen können.

Ich war nun zu einer Hypothese gelangt, die die langen, lauten Rufe der Blauhäher, mit denen sie keine Artgenossen herbeiholten, am meiner Meinung nach logischsten erklärte, und hatte die Hypothese mit unabhängigen Beobachtungen untermauert. Doch wirklich zufrieden war ich damit nicht. Worin würde der Vorteil eines solch offensichtlich riskanten Verhaltens wie des »Selbstgesprächs« bestehen, das immerhin die Aufmerksamkeit von Beutegreifern auf sich ziehen könnte? Der Grund, den ich dafür herausgearbeitet hatte – das Kontakthalten mit Artgenossen –, schien als Selektionsdruck nicht auszureichen.

»Tiere«, wie Mark Twain so voller Überzeugung im Zusammenhang mit Blauhähern behauptete, »sprechen miteinander [...], doch es ist anzunehmen, dass es nur sehr wenige Menschen gibt, die sie verstehen.« Der Ruf des Blauhähers, davon bin ich zunehmend überzeugt, bedeutet im Grunde genommen nichts anderes als: »Ich bin hier. Wie geht es dir?« Der Artgenosse, der den Ruf hört, kann dann beruhigt sein, dass er in der Gegend nicht allein ist; ob er darauf antwortet – »Ich bin auch hier« – oder nicht, bleibt ihm überlassen. Je nach Tonfall, Länge des Rufs, Wiederholung, Tonhöhe und Kontext enthält er noch Zusatzinformationen wie »Alles in Ordnung«, »Ich bin aufgeregt« oder »Etwas macht mir Angst; komm mal her und sieh nach«. Ganz andere laute Rufe, die nur zum frühjährlichen Stelldichein erklingen, bedeuten vielleicht: »Guck mal: Ich bin zu haben.« Und aus dem leisen Flüstern in Gegenwart des Partners mag man heraushören: »Ich mag dich. Ich will bei dir bleiben.«

In Beziehungen, bei denen die Individuen getrennt sind, sei es durch die Entfernung oder durch Sichtbarrieren wie einen dichten Wald, ist ein gelegentlicher Ruf vielleicht auch dann wichtig, wenn er keine spezifische Botschaft transportiert. Ob der Ruf nun umgehend beantwortet wird oder nicht, spielt dabei keine Rolle – solange er beim beabsichtigten Empfänger ankommt. Nachdem mir die wahrscheinlich unspezifische, aber dennoch bedeutungsvolle soziale Natur des Blauhäherrufs klar geworden war, war ich weniger zögerlich, einen Anruf zu tätigen oder eine E-Mail oder einen Brief zu schreiben, auch wenn ich wie fast immer nichts Wichtiges zu sagen hatte. So hatte ich mehr von den Blauhähern gelernt, indem ich etwas aus ihnen ableitete, statt ihnen etwas zuzuschreiben.

10

Meisen im Winter

Schwarzkopfmeisen sind ebenso wie Blauhäher Wahrzeichen des winterlichen Waldes. Sie durchstreifen ihr baumbestandenes Revier in kleinen Scharen, die für gewöhnlich weniger als ein Dutzend Vögel umfassen. Manchmal, während sie geschäftig von Ast zu Ast und Baum zu Baum hüpfen, höre ich ihr Piepsen sowie das gelegentliche *Chick-a dee-dee-dee,* dem die Vögel ihren amerikanischen Namen – »black-capped chickadees« – verdanken. Der fröhlichen Umtriebigkeit und dem eisernen Durchhaltevermögen, das die kleinen Flaumbällchen selbst im kältesten Winter unter Beweis stellen, kann eigentlich keiner widerstehen, ebenso wenig wie dem Revier- oder Liebesgesang der Männchen, der einen oder zwei Tage nach der Wintersonnenwende beginnt.

Irgendwann fing ich an, die Vögel näher unter die Lupe zu nehmen und mir Notizen zu ihren Winterscharen zu machen, bei denen sie oft von meinen Lieblingsvögeln, den Indianergoldhähnchen und den Kanadakleibern, begleitet werden. In Größe und Zusammensetzung variieren die Scharen erheblich, und so hoffte ich, dass meine Beobachtungen etwas Interessantes zum Vorschein bringen würden, vielleicht Erkenntnisse über die Vorteile, die das Leben in Scharen mit sich führt.

Hätte ich damals schon Susan M. Smiths 1991 erschienenes Buch *The Black-capped Chickadee: Behavioral Ecology and Natural History* mit seinen sechshundertzehn wissenschaftlichen Literaturhinweisen gelesen, wäre mir vielleicht früher klar geworden, dass Schwarzkopfmeisen das Lieblingsstudienobjekt zahlreicher Forscher sind. Es gab für mich also nichts mehr zu entdecken – oder alles. Ich beschloss, an die zweite der beiden Möglichkeiten zu glauben, nicht zuletzt deshalb, weil Schwarzkopfmeisen dort, wo ich lebe, allgegenwärtig sind. Sie gehören zu den wenigen Vögeln, die das ganze Jahr über in ihrer Heimat im Norden bleiben können und wollen, wo sie heulenden Winden, Schneestürmen sowie anhaltenden Temperaturen unter null trotzen und sich der ewigen Herausforderung stellen, in den kargen Wäldern etwas zu fressen zu finden. Ihren Scharen schließen sich die Vögel anderer Spezies jedoch nicht nur als Mitglieder, sondern auch als Zuschauer an: Am 21. Juli 2006 ließ eine Meise meinetwegen einen Alarmruf erklingen, woraufhin ich fast augenblicklich von acht weiteren Meisen sowie einer Winterammer, einem Rotaugenvireo und einem Rotschwanz umgeben war. Die Vögel gehörten zwar nicht alle zur gleichen Schar, doch hatte ihr Verhalten irgendetwas mit deren Vorteilen zu tun.

In der ersten Januarwoche 2011, Monate nachdem fast alle insektenfressenden Vögel nach Süden gezogen waren, wurde ich im Morgengrauen von den Rufen zweier männlicher Schwarzkopfmeisen erfreut. Die Nistzeit der Vögel würde erst in etwa vier Monaten beginnen. Die beiden Männchen waren vielleicht hundert Meter voneinander entfernt und leicht zu unterscheiden, weil der *di-dah*-Ruf des einen – mitunter auch als *fi-bi* beschrieben – höher war als der des anderen.

Heutzutage scheinen Schwarzkopfmeisen häufig von ungeschälten Sonnenblumenkernen zu leben. An meiner Futterstation in Vermont hatten die Vögel jeden Winter fast fünfzig Kilo der Kerne verputzt – wovon sie sich ernährt hätten, wenn ich nicht ständig für Nachschub gesorgt hätte, ist mir schleierhaft. Als ich dann meine Blockhütte in Maine bezogen und dort eine Futterstation voller Sonnenblumenkerne aufgestellt hatte, waren wochenlang keine Vögel gekommen, obwohl ich im Wald beinahe jeden Tag Scharen von Meisen begegnet war. Ich hatte keine Ahnung, wie viele Meisen es gab, welche lebten und welche starben und warum.

Die Überlebensstrategien der Schwarzkopfmeise sind schon lange Gegenstand des wissenschaftlichen Interesses, und da auch ich am Überleben interessiert bin, fand ich das Thema ebenfalls spannend. Aldo Leopold beispielsweise hat sich eingehend damit beschäftigt, wie Meisen im Winter überleben können, und in seinem 2019 auf deutsch erschienenen Klassiker *Ein Jahr im Sand County* die Meisen beschrieben, die im Winter die Futterstation auf seiner Farm in Wisconsin besuchten. Im Lauf von zehn Jahren fing und markierte er siebenundneunzig der Vögel, um sie besser beobachten und studieren zu können. Nur drei von ihnenen waren im vierten Winter noch zu sehen, im fünften Winter war es sogar nur noch einer. Leopold hatte sich auch Notizen dazu gemacht, in welcher Entfernung von der Futterstation die Vögel auftauchten, und daraus abgeleitet, dass ihr winterliches Revier einen Durchmesser von fast einem Kilometer hatte. Weiterhin schlussfolgerte er, dass aufgrund der gut gefüllten Futterstation die Haupttodesursache wohl das Wetter sein müsse und dass das »Genie« der Meise, die fünf Winter überlebt hatte, wohl in ihrer Fähigkeit bestand, Schutz vor dem Wind zu suchen. Wie die Sache ohne Futterstation aussähe, studierte Leopold allerdings nicht – ich bin mir jedoch ziemlicher sicher, dass das Überleben der Tiere im Winter auch mit dem Nahrungsangebot zusammenhängt. Hat der Schwarm neben dem Schutz vor Angriffen eines Eckschwanzsperbers möglicherweise auch die Funktion, dass die Vögel untereinander Wissen austauschen können – etwa über die Erweiterung des Speiseplans um neue Nahrungsquellen, die sich im Wechsel der Jahreszeiten auftun?

Sonnenblumenkerne sind von der gewöhnlichen Sommernahrung der Meisen – Insekten – meilenweit entfernt, und angesichts der Vielfalt und Veränderlichkeit der Insekten bedarf es schon einer gewissen Genialität, sie aufzuspüren und den Überblick nicht zu verlieren. Ich habe im Winter öfter mal aufgerissene Kokons der *Callosamia promethea,* einer Nachtfalterart aus der Familie der Pfauenspinner, gesammelt; der Inhalt eines einzigen Kokons hätte ausgereicht, um eine Meise bei Minusgraden eine Nacht lang zu ernähren. Die Schwierigkeit besteht allerdings darin, den Kokon in seinem Versteck aus noch am Baum hängenden toten Blättern überhaupt zu finden. Darüber hinaus sind die Gebilde so zäh wie Leder, also alles andere als leicht zu öffnen, was ohne Wissen, Können, Selbstvertrauen und Beharrlichkeit schlicht nicht möglich ist. Die Kokons sind äußerst selten, und zudem gleicht kaum ein Insektenkokon dem anderen. Da stellt es schon eine beträchtliche Herausforderung dar, das Seltene, das Neue zu entdecken, das die tiefgreifenden Veränderungen beim Wechsel vom Sommer auf den Herbst, vom Herbst auf den Winter und vom Winter wieder zurück zum Sommer mit sich bringen. Um hinsichtlich der Bandbreite und der Verfügbarkeit potenzieller Nahrung auf dem Laufenden zu bleiben, damit sie sich das ganze Jahr über in einem eng umgrenzten Gebiet aufhalten können, müssen die Vögel ihre Umgebung konstant erkunden und sich an unkalkulierbare Gegebenheiten anpassen können. Und an vielen Orten gehört zu den Überlebensfähigkeiten nun auch das Geschick, eine Futterstation zu finden.

Die Futterstation, die ich neben meiner Blockhütte aufgestellt habe, war zunächst ein Experiment: Ich wollte sehen, ob und wann eine Meise sie finden und dort fressen und was als Nächstes geschehen würde. Ich rechnete nicht damit, dass bald eine auftauchen würde, da Meisen ihr ganzes Leben in ihrem oder um ihr heimatliches Revier herum verbringen. Außerdem war es höchst unwahrscheinlich, dass die Meisen im umgebenden Wald jemals eine Futterstation oder einen ungeschälten Sonnenblumenkern zu Gesicht bekommen hatten. Was also könnte die in freier Wildbahn fern jeglicher Vorgärten lebenden Vögel dazu veranlassen, eine ihnen unbekannte Vorrichtung aufzusuchen, einen der kleinen, schwarzen Gegenstände darin aufzupicken und auf diese Weise eine neue Nahrungsquelle zu entdecken? Und selbst wenn es einem Vogel gelingen würde, all diese Hürden zu überwinden, würden dann andere seinem Beispiel folgen? Würden die Vögel voneinander lernen und so zu einem plötzlichen Anstieg in der Anzahl an Sonnenblumenkernfressern führen?

Im Dezember hängte ich die mit Sonnenblumenkernen voll beladene Futterstation an einen Ast der Papier-Birke neben der Tür meiner Blockhütte. Ich wartete einen Monat – kein Vogel ließ sich blicken. Vielleicht hatte ich die Futterstation falsch platziert. Ich hängte sie um, in den Wald rund dreihundert Meter von der Hütte entfernt. Zwei Wochen später hatten sowohl Meisen als auch Blauhäher sie entdeckt. Ich hängte sie rund fünfzig Meter näher an die Hütte. Zuerst flogen die Meisen zur alten Stelle und suchten, doch es dauerte nur wenige Minuten, da hatte eine der Meisen die Futterstation an ihrem neuen Standort wiedergefunden, und umgehend gesellten sich die anderen zu ihr. Ich hängte die Station wieder fünfzig Meter näher an die Hütte, und auch dort fanden die Vögel sie fast augenblicklich. Es schien, als kämen die Vögel sofort hinterhergeflogen, sobald einer von ihnen den neuen Standort ausfindig gemacht hatte. In der darauffolgenden knappen halben Stunde rückte ich die Station immer näher an die Hütte heran, bis sie schließlich an ihrem allerersten Platz in der Papier-Birke neben der Hütte hing und auch von allen Vögeln besucht wurde – obwohl sie sie dort zunächst einen Monat lang ignoriert hatten. Ich hatte gehofft, dass die Meisen mir etwas darüber verraten würden, wie sie im winterlichen Wald überleben und sogar noch gedeihen können, obwohl sich ihre Welt von Monat zu Monat verändert. Das Experiment mit der Futterstation legte nahe, dass der Zusammenschluss zur Schar die Frage zumindest teilweise beantworten könnte: Auf diese Weise teilen die Vögel ihre Entdeckungen und lernen voneinander.

Im Januar 2015 bestand die Meisenschar an meiner Futterstation anscheinend aus bis zu sechszehn Individuen, mehr Meisen auf einmal habe ich dort nie beobachtet. Allerdings zeigte mir ein weiteres Experiment, dass sich in der Gegend noch viel mehr aufhielten. Im Laufe von fünf Tagen führte ich an der Futterstation hunderteinunddreißig Zählungen durch und kam dabei auf insgesamt siebenhundertacht Meisensichtungen. Zwei der Vögel konnte ich mühelos von den anderen unterscheiden – einen Teilalbino mit einem weißen Kopf und eine Meise mit einem dünnen Streifen orangefarbenen Markierungsbands am Bein; auf diese beiden entfielen fünfzehn der siebenhundertacht Sichtungen. Aus der Annahme, dass die beiden Vögel repräsentativ für den Rest der Schar standen, ergab sich, dass es alles in allem etwa vierundneunzig Meisen sein mussten.

Für gewöhnlich suchen Meisen in losen, artengemischten Scharen von zwei oder drei bis zu über einem Dutzend Individuen nach Nahrung. Während meiner Spaziergänge und Aufenthalte im Wald in den vergangenen zwanzig Jahren habe ich es mir zur Angewohnheit gemacht, Daten über Größe, Zusammensetzung und Verhalten winterlicher Vogelscharen zu sammeln. Seit 1980, als ich mit der Wildjagd im Herbst begann und das erste Mal Winterökologiekurse in Maine hielt, habe ich den Großteil dieser Daten in einem Baum sitzend zusammengetragen – meist war es derselbe Baum, eine hohe Balsam-Tanne. In den letzten vierunddreißig Jahren habe ich mindestens tausendsiebenhundert Stunden in dieser Tanne verbracht und jede Gelegenheit genutzt, Meisen sowie andere Vögel zu beobachten, von denen sie manchmal begleitet werden: mehrere Indianergoldhähnchen, einen oder zwei Andenbaumläufer, ein Kanadakleiberpaar und hin und wieder einen einzelnen Dunenspecht, wenn auch keine weitere Spechtart.

Was die verschiedenen Spezies zusammengebracht hat, weiß ich bis heute nicht, ebenso wenig wie wer sich von wem wann, warum und wie lange angezogen fühlte. Was ich hingegen entdeckte, bot einen guten Grund dafür, weshalb Meisen bisweilen zusammen mit Kanadakleibern zu sehen sind.

Kanadakleiber leben in Nadelbäumen, von deren Samen sie sich im Winter ernähren. Diese zupfen sie aus den Zapfen, die an den obersten Zweigen hängen. In Maine wachsen verschiedene Nadelbäume, die im Winter Samen tragen– die Amerikanische Rot-Fichte, die Weiß-Fichte, die Weymouth-Kiefer, die Hemlocktanne und die Amerikanische Lärche –, allerdings nicht in jedem Winter. Aus bislang unbekannten Gründen – man vermutet jedoch subtile Wetteränderungen – blühen die Bäume jeder genannten Art gleichzeitig und tragen später auch synchron Früchte, die Samen produzieren, aber nicht alle Arten zur selben Zeit. Wenn es im Winter eine Überfülle an Samen gibt, was wie gesagt nicht in jedem Jahr der Fall ist, treten Meisen am auffälligsten gemeinsam mit Kanadakleibern auf. Der Grund dafür lässt sich nur unschwer erraten: Pickt ein Kleiber an den Zapfen in den Baumwipfeln herum, fallen unweigerlich Samen herunter, die wiederum von den Meisen auf dem schneebedeckten Boden unter den Bäumen aufgepickt werden. Ein weiteres Beispiel nicht nur für einen breit gefächerten Speiseplan, sondern auch für dieselbe Aufgewecktheit, die Meisen dazu bringt, eine Futterstation voller Sonnenblumenkerne aufzuspüren und sich an diese neue Nahrungsquelle anzupassen.

Der Winter zwischen 2010 und 2011 war in meinem Teil von Maine insofern ungewöhnlich, als dass kein Baum, egal welcher Spezies, Samen trug – die ideale Gelegenheit für ein Naturexperiment. Eine der ersten, durchaus vorhersagbaren Folgen war, dass im Wald kein einziger Kanadakleiber zu finden war. Vermutlich waren die Vögel fortgezogen, um andernorts nach Nahrung zu suchen. Eine weitere und weniger vorhersagbare Folge bestand darin, dass die Meisen zwar noch da waren, aber in kleineren Scharen auftraten. Im Oktober hatte ich noch einige Meisen zusammen gesehen, im November begegnete ich ihnen jedoch nur noch einzeln, zu zweit oder zu dritt. Hatten sie sich vorher lediglich deshalb in der Nähe der Kleiber zu Gruppen zusammengefunden, weil die heruntergefallenen Samen sie angelockt hatten? Und wovon ernährten sich die Meisen jetzt?

Eine Schwarzkopfmeise am Zweig einer Thuja, in deren immergrünen Blättern sich die Raupen von Kleinschmetterlingen befinden.

Ich wusste bereits, dass Meisen schnell lernen und sich ausgesprochen flexibel verhalten können. Ihre Nester bauen sie überwiegend im tiefen Wald in Höhlen, die sie aus verrottendem Holz heraushämmern. Die meisten dieser Höhlen hatte ich in abgestorbenen Birkenstümpfen gefunden, wobei es mir ein absolutes Rätsel ist, wie die Vögel die feste, lederartige Rinde der Bäume durchdringen können, als ob sie wüssten, dass sie darunter auf weiches, modriges Holz stoßen. Wie ist das möglich, unterscheidet sich die Borke des lebenden Baums doch nicht im Geringsten von der eines abgestorbenen, wohingegen das Holz darunter beim lebenden Baum für die Vögel aber viel zu hart ist, um sich darin eine Nisthöhle zu zimmern? Da sie teils mit dem Schlagen von Nistlöchern beginnen, sie dann aber wieder aufgeben, in fünfzehn Meter Höhe in einem Zucker-Ahorn oder im Stumpf einer Pappel nisten und beinahe jede Art von Nistkasten akzeptieren, die man ihnen anbietet, sind Meisen wahrscheinlich sehr experimentierfreudig und können sich an ein breites Spektrum von Optionen anpassen. Doch welche Höhle auch immer sie nutzen, sie bauen darin aus Moos, Fell, Pflanzenfasern wie dem Flaum sich öffnender Farnspitzen und Daunenfedern stets ein tiefes, gemütliches Nest für ihr Gelege, das sechs bis acht Eier umfasst.

Es macht immer viel Spaß, sich auf die Suche nach den Nestern zu begeben, denn man weiß nie, wo man eins finden könnte. Meine jüngste Entdeckung hat mich besonders überrascht. Ich ging gerade den Pfad zu meiner Hütte hinauf, als ich eine Meise mit einer grünen Raupe im Schnabel sah. Ich blieb stehen, um sie zu beobachten; vielleicht würde sie ja in einer Nisthöhle verschwinden. Sie aber blieb in meiner Nähe und hüpfte von Ast zu Ast – wahrscheinlich war auch das Nest ganz in der Nähe. Da fiel mir der Stumpf einer abgestorbenen Grau-Birke ins Auge. Ich untersuchte ihn näher, fand wider Erwarten aber kein Nest. Also zog ich mich ein wenig zurück, um dem Vogel mehr Spielraum zu lassen, und sah zu meiner großen Verblüffung, dass er zu eben jenem Birkenstumpf flog, den ich gerade unter die Lupe genommen hatte. Die Meisen hatten mich wahrlich zum Narren gehalten und den Eingang zum Nest ebenerdig angelegt. Ich musste lächeln und erinnere mich auch heute noch gern an die Szene, die ich als Skizze festhielt, sobald ich wieder zu Hause war. (Im Jahr darauf, 2015, nistete ein Meisenpaar an einem weniger pittoresken Ort, in einem Nistkasten auf einem Pfosten neben meinem Garten. Am Tag, als die Jungen schlüpften, wurde das Nest von Roten Waldameisen überfallen, doch schon drei Tage später nisteten die Elternvögel in einem anderen Kasten nicht weit davon entfernt.)

Dass die Meise die kleine grüne Raupe und vermutlich noch viele andere gefunden hatte, mit denen sie ihre Jungen am Fuß des Birkenstumpfs fütterte, war keineswegs nur das Ergebnis einer simplen, ins Vogelhirn einprogrammierten Verhaltensweise. Raupen, wie die von Vögeln bevorzugten, verfügen über allerhand Tricks, um sich gewissermaßen unsichtbar zu machen. Sie rollen sich in Blätter ein, tarnen sich, indem sie sich auf dem Blatt ausstrecken und so wie die Mittelrippe des Blatts aussehen, oder ahmen Blattränder nach, indem sie einen Teil herausfressen und die leere Stelle dann selbst ausfüllen. Tatsächlich ist das Loch, das die Raupen in die Blätter fressen, oft der einzige Hinweis darauf, dass ein solches Tier in der Nähe ist. Doch selbst dann können die Raupen, die Beutegreifer noch immer täuschen: Sie entfernen sich einfach von dem Schaden, den sie am Blatt angerichtet haben, oder sie zwicken gleich das ganze angefressene Blatt ab und verstecken sich irgendwo, um in aller Ruhe zu verdauen. Dennoch: Fressen müssen sie, und Beweise zu hinterlassen, ist da unvermeidbar. Ich habe mich oft gefragt, wie Meisen ihre beinahe unsichtbare Beute aufspüren. Und im Sommer des Jahres 1981 haben ein Kollege und ich die Frage schließlich auch beantwortet – mithilfe eines Experiments, das wir im Wald um meine Hütte in Maine herum durchgeführt haben.

Gemeinsam mit meinem Biologenkollegen Scott Collins fing ich Meisen ein und brachte sie in einer abgeschirmten Voliere unter, die wir im Wald gebaut hatten. Sie bestand aus zwei separaten Teilen, von denen jeder zweieinhalb Meter hoch war und eine Fläche von dreißig Quadratmetern bedeckte. Auf dem Boden der beiden Teile breiteten wir Planen aus, um zu verhindern, dass die Vögel dort nach Nahrung suchten. In dem einen Volierenteil, das der Unterbringung der Meisen diente, befanden sich natürlich gewachsene kleine Nadelbäume sowie andere Sitzmöglichkeiten; es war durch eine verschließbare Klappe mit dem anderen Volierenteil verbunden. Letzteres diente uns als Trainings- und Versuchsbereich. Wir hielten immer nur einen Vogel auf einmal (den wir nach einer Reihe von Tests gleich wieder freiließen), abgesehen von einem Meisenpaar und dem Birkenstumpf mit dem Nest, in dem fünf fast ausgewachsene Junge saßen. Die Einzelvögel – weil sie sangen, wussten wir, dass es sich bei ihnen ausnahmslos um Männchen handelte – nannten wir Ralph, Frank, Fernald und Duke.

Jeden Tag fällten wir zwanzig belaubte, ein bis zwei Meter große Bäume (Virginische Traubenkirsche oder Birke) und legten sie in den Versuchsbereich der Voliere. Bei zwei Bäumen, die wir jeden Tag an einer anderen Stelle platzierten, stanzten wir mit einem Locher Löcher in einige der siebenhundert bis tausendeinhundert Blätter, bei manchen Tests hatten die Blätter natürliche, durch Raupen verursachte Löcher. An die Bäume mit Löchern in den Blättern banden wir anschließend einige Rosenzweige, auf deren Dornen wir jeweils einen halben Mehlwurm spießten. Für unsere Tests entfernten wir alle weiteren Mehlwurmreste, da wir herausfinden wollten, ob und wann den Vögeln beschädigte Blätter als Jagdauslöser dienen.

Sobald wir die Meisen in den Versuchsbereich ließen, begannen sie umgehend damit, die Blätter näher zu untersuchen. Allerdings stellten wir große Unterschiede im Verhalten der einzelnen Vögel fest. Das Paar und Duke zeigten bereits beim allerersten Versuch eine hoch signifikante Vorliebe für die Bäume mit beschädigten Blättern, noch bevor sie von uns eine Belohnung erhielten – sie hatten sich in freier Wildbahn also schon selbst »trainiert«. Fernald untersuchte einzelne Blätter kaum, flog aber meist direkt zu dem Baum mit den beschädigten Blättern, nachdem wir ihn in den Versuchsbereich gelassen hatten. Ralph hingegen suchte am Anfang lieber am Boden nach Nahrung und mied die Bäume mit den beschädigten Blättern eher, wechselte nach zehn Lernversuchen aber sein Verhalten und zeigte anschließend ebenfalls eine hoch signifikante Vorliebe für die von uns präparierten Bäume.

Unsere Meisen hatten durch die Bäume mit den falschen Raupenködern gelernt, Raupen zu jagen, und waren anschließend in der Lage gewesen, zwischen verschiedenen Arten von Bäumen, verschiedenen Arten von Raupen und sogar verschiedenen Arten von Blattschäden zu differenzieren. Es war deshalb durchaus nicht ausgeschlossen, dass sie auch voneinander lernen konnten – etwa wie man sich neue Nahrungsquellen erschließt.

Lernen aber setzt die Fähigkeit der Erinnerung voraus, und Meisen können sich erwiesenermaßen erinnern, da sie sich Wintervorräte anlegen und die Verstecke später auch wiederfinden. Diese Erkenntnis ist auch für den Menschen relevant. Fernando Nottebohm von der Rockefeller University und Kollegen fanden heraus, dass sich das Wachstum von Gehirnzellen beschleunigt, wenn Vögel zu singen lernen und wenn adulte Meisen in der Natur zum ersten Mal Nahrungsvorräte anlegen und anschließend ihr Gedächtnis benutzen, um die Vorräte wiederzufinden. Beenden sie diese Aktivitäten hingegen,

Eine Meise betrachtet ein beschädigtes Blatt.

ist der Nervenzelltod die unweigerliche Folge. Man sagt, beim Menschen beginne der Abbau von Gehirnzellen bereits im Alter zwischen zwanzig und dreißig Jahren und hielte dann lebenslang an. Die Forschungen zu Vögeln legen jedoch nahe, dass durch das Trainieren der Hirnfunktionen zu jeder Lebenszeit wieder neue Gehirnzellen entstehen können. (Ich bin mir allerdings nicht sicher, ob die Forscher beim Menschen zwischen denjenigen, die den Lebensstil einer Meise pflegen, und denjenigen, die das nicht tun, unterscheiden.)

Im Laufe der Jahre, in denen ich Meisen im Winter, wenn die Bäume ihre Blätter abgeworfen hatten, beobachtet habe, habe ich mich oft gefragt, wovon sie sich wohl ernährten, wenn ihnen der Sonnenblumenkernvorrat oder der Speicherplatz im Gehirn ausgegangen war. Sie schienen sich bei der Nahrungssuche nicht auf bestimmte Gegenstände zu konzentrieren: Sie waren so ziemlich überall und untersuchten so ziemlich alles, genau wie unsere Testmeisen, wenn wir sie aus dem einen Volierenteil in den anderen mit den zwanzig Bäumen mit potenzieller Nahrung ließen. Folgte ich im Winter einer Meisenschar im Wald, konnte ich in der Regel einzelne Vögel dabei beobachten, wie sie abwechselnd die kahlen Wipfel hoher Ahornbäume, die Baumkronen von Kiefern, Tannen und Fichten sowie die Vegetation nah am oder auf dem Boden untersuchten. Sie pickten an Flechten, toten Blättern, kleinen Zweigen, Rinde, großen Ästen und Baumstämmen beinahe jeder Pflanzenart herum. Ich vermutete, dass ein Großteil ihrer Nahrungssuche, die sie letztlich zu neuen Nahrungsquellen führte, in der beständigen Erkundung von allem Möglichen bestand. Sie waren an allem interessiert, nicht nur an bestimmten Arten oder Teilen von Bäumen.

Dann aber stieß ich auf die berühmte Ausnahme, die die Regel bestätigt. Gegen Ende des Winters 2010/2011 begannen plötzlich Meisenscharen, täglich in einem Thujasumpf nach Nahrung zu suchen – an einer Stelle, an der ich sie weder zuvor je gesehen hatte noch danach jemals wieder sehen sollte. Was lockte sie Tag für Tag dorthin?

Auf dem Schnee unter den Thujen lagen die Spitzen toter Zweige verstreut, und genau darauf hatten es die Vögel in den Bäumen abgesehen. Ich beschloss, einer siebenköpfigen Schar von Maisen zur Thuja zu folgen. Schließlich kehrten die Meisen den Thujen den Rücken und wandten sich stattdessen Rot-Ahorn-Wipfeln zu, wo sie weiterpickten und kleine Teile zu Boden fallen ließen. Anschließend flogen sie von den Ahornbäumen zum unteren Bereich einiger Balsam-Tannen. Und die ganze Zeit über blieben sie zu ihrer losen Schar zusammengeschlossen.

Da ich herausfinden wollte, was die Vögel an den Thujaspitzen fanden, nahm ich einige Zweige mit zurück nach Hause, um sie dort näher zu untersuchen. Ich legte die verblassten Spitzen der Zweige unters Mikroskop und fand in beinahe jedem braunen Blatt winzige Raupen. Die Minierraupen gehörten zur Spezies *Argyresthia thuiella,* der Thujaminiermotte, aus der Kleinschmetterlingsfamilie der Gespinst- und Knospenmotten (*Yponomeutidae*). Sie überwintern in den schuppenartigen Blättern an den Astspitzen der Gewöhnlichen Thuja, wo sie die Zweigspitzen abtöten, die so leichter vom Baum fallen, wenn Vögel an ihnen picken. Die Raupen verpuppen sich im Frühjahr und haben sich im Juni in Motten verwandelt. War es das, was die Meisen fraßen? Angesichts der Tatsache, dass sich die Vögel in anderen Jahren vornehmlich auf die Nadelbaumsamen konzentriert hatten, die die Kleiber hatten fallen lassen, schien es unwahrscheinlich, dass sie sich jetzt von gefrorenen Raupen ernährten (die Temperaturen waren kürzlich auf minus fünfundzwanzig Grad Celsius gesunken). Und was die Vögel da hoch oben in den Bäumen wirklich fraßen, konnte ich beim besten Willen nicht sehen. Doch wenig später, noch im selben Monat, sollte ich es herausfinden – mithilfe eines Raubwürgers und eines Unfalls.

Von links nach rechts: Meisenei, soeben geschlüpftes Meisenjunges und halb ausgewachsener Jungvogel.

Der Raubwürger besuchte mich auf meiner Lichtung, als sich gerade eine Gruppe Meisen in der Nähe der Futterstation aufhielt. Ich bemerkte ihn erst, nachdem mir aufgefallen war, dass die Meisen entweder in Panik gerieten und flohen oder wie eingefroren auf ihrem Platz auf den Zweigen sitzen blieben. Eine flog gegen ein Fenster und war auf der Stelle tot. Da sie nicht umsonst gestorben sein sollte, häutete ich sie; ihre Muskeln waren gut ausgebildet, unter der Haut an Kehle und Schwanz fanden sich kleine Mengen Fett. Statt mit Sonnenblumenkernen war der bohnengroße Kaumagen mit einer klebrigen Masse voller dunkler Stückchen gefüllt, die sowohl pflanzlichen als auch tierischen Ursprungs hätten sein können. Ich konnte die Masse zuerst nicht identifizieren, doch nachdem ich sie in einer Petrischale mit Alkohol unter dem Mikroskop ausgebreitet und etwa eine halbe Stunde lang in dem teilweise verdauten »Eintopf« herumgestochert hatte, beschlich mich allmählich eine Ahnung davon, was ich mir da gerade ansah.

Der erste Hinweis kam von etwas, das wie eine Insektentrachee – eine externe Atmungsöffnung –, eingebettet in ein durchsichtiges, hautähnliches Gewebe, aussah. Ein abgetrenntes Bein mit Gelenk bestätigte, dass es sich um Bestandteile eines Gliederfüßers handelte. Vielleicht hatte der Vogel Spinnen gefressen. Doch dann fand ich den unwiderlegbaren Beweis für eine Raupe: eine Kopfkapsel. Schließlich fand ich noch ein Raupenbein, das mit etwas Langem, Faserigem und Transparentem verbunden war; darin befand sich die Insektentrachee, und das Ganze sah aus wie eine zusammengefallene Plastiktüte. Heureka! Was ich da vor mir hatte, waren leere Raupenpanzer. Und zwar viele: Ich zählte ganze dreiundzwanzig. Zudem entdeckte ich mindestens drei verschiedene andere winzige, harte, gezahnte Gegenstände; an einem von ihnen hing eine Raupenkopfkapsel. Noch einmal Heureka! Es handelte sich um die Mundwerkzeuge sehr kleiner Raupen.

Die Mundwerkzeuge von Raupen sind wie die anderer Insekten, die an hartem Material herumkauen, mit gezahnten Rändern ausgestattet, unseren Zähnen nicht unähnlich. Dabei verfügt jede Spezies über ihr eigenes Zahnungsmuster. Da ich drei verschiedene Zahnungsmuster fand, war davon auszugehen, dass der Vogel mindestens drei verschiedene Raupenar-

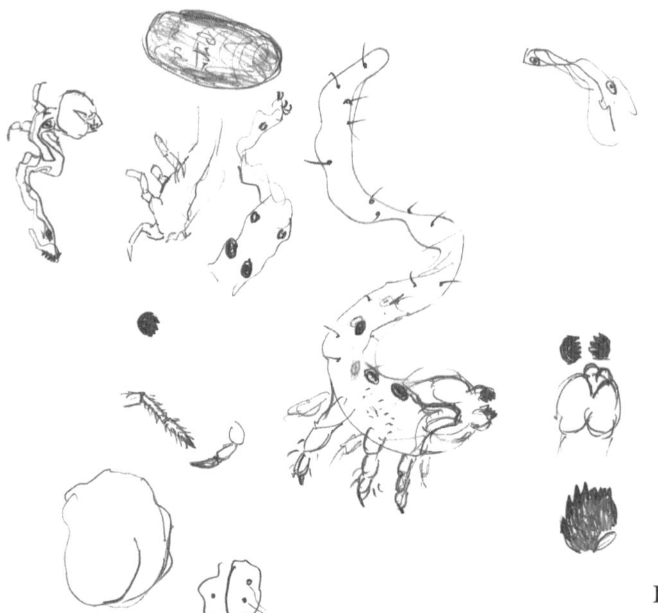

Überreste des Mageninhalts einer Meise mit Panzerteilen einer Raupe.

ten verspeist hatte. Daraufhin nahm ich mir umgehend noch einmal die Raupen von den Thujaspitzen vor: Ihre Mundwerkzeuge stimmten mit einer der drei Mundwerkzeugarten überein, die ich im Kaumagen der Meise entdeckt hatte. Da war er also, der beinahe unerschütterliche Beweis, dass sich die Meisen von drei oder mehr Arten von Raupen ernährten, zu denen auch die Kleinschmetterlingsraupe in den Thujablättern gehörte. Und Thujen gab es in meiner Nähe nur in dem Sumpf, wo ich die Vögel auch regelmäßig gesehen hatte.

Natürlich war es möglich, dass *eine* Meise zufällig auf die Raupen gestoßen war. Aber ganze Scharen von Meisen? Das warf noch eine andere Frage auf: Wie hatten die vielen Meisen die in den Thujablättern versteckte Nahrung entdeckt? Wie hatten sie gelernt, die welken Blattspitzen mit nicht sichtbaren Raupen in Verbindung zu bringen?

Vielleicht untersuchten die Vögel automatisch alles, was sie noch nicht kannten. Um das herauszufinden, führte ich mit einigen der Meisen, die immer zu den Talgknödeln neben der Tür meiner Blockhütte kamen, ein rasches Experiment durch. Nachdem sie zwei Tage hintereinander gekommen waren, entfernte ich die Knödel und ersetzte sie durch verschiedene andere Gegenstände wie beispielsweise einen roten Kaffeebecher, eine

Bierflasche, einen Korkenzieher mit rotem Griff, ein Marshmallow, ein Stück Wachs, ein Streichholzbriefchen, ein bisschen gegarten Kürbis, ein Stück eines Baumpilzes und etwas Kaffeesatz. Zu meiner Überraschung suchten die Meisen nicht die optisch auffälligsten Gegenstände auf. Stattdessen hüpften ein paar von ihnen zu einem Häufchen Kaffeesatz, einem Marshmallow und einer Kürbisschale, die sie kurz untersuchten. Doch noch viel verlockender waren ein wenig Fett, das ich auf den Schnee gegossen hatte, ein Stück rotes Fleisch und eine Speckschwarte, die an einem Zweig hing.

Drei Meisen, die immer zu den Knödeln kamen, hüpften und flogen unablässig umher, wie es typisch für ihre Spezies ist. Einmal jedoch, ich beobachtete sie gerade vom Fenster aus, blieben sie wie angewurzelt sitzen und bewegten sich mehrere Minuten lang nicht. Ich vermutete, dass ein Greifvogel in der Nähe war, sah stattdessen aber den zuvor bereits erwähnten Raubwürger. Er saß ganz oben in einem Ahornbaum rund zweihundert Meter von der Hütte entfernt. Aus dieser Distanz verwechselte ich ihn zunächst mit einem Blauhäher: Häher und Meisen besuchen für gewöhnlich dieselbe Futterstation und ignorieren einander auch in unmittelbarer Nachbarschaft. Eine solche Verwechslung war den Meisen offensichtlich nicht unterlaufen – gut für sie, denn Raubwürger machen Jagd auf Singvögel. Da ich im Winter selten mehr als einen Raubwürger zu Gesicht bekomme, können Meisen den Vogel wahrscheinlich nicht aufgrund langer Erfahrung aus der Ferne erkennen und von Blauhähern unterscheiden und wahrscheinlich hätten sie ihn auch nicht alle auf einmal gesehen. Ihre Reaktion musste deshalb aus dem Gruppenverhalten heraus entstanden sein. Wenn Meisen voneinander lernen können, wie man einen gefährlichen Feind erkennt, warum dann nicht auch, wie man die oft recht spezifische geeignete Nahrung erkennt? So schien es durchaus möglich, dass eine oder zwei Meisen die Raupen im Gewebe der Thujablätter entdeckt hatten und dass sich dieses neue Wissen im Rest zumindest einer Schar verbreitet hatte.

***

Erst drei Jahre später, am 15. Dezember 2014, konnte ich das Gruppenverhalten der Meisen in Aktion erleben. Vor dem Südfenster meiner Blockhütte bahnte sich ein Fleckchen Vegetation ihren Weg durch den Schnee: Neben einer Fichte reckte sich eine junge Feuer-Kirsche gen Himmel. Zudem waren die getrockneten Stängel des Schmalblättrigen Weidenröschens, der Gräser und der Goldrute zu sehen. Und von meinem Schreibtisch aus konnte ich durch das Fenster direkt vor mir eine Meise dabei beobachten, wie sie an etwas pickte und zog, das in einem welken, eingerollten Blatt verborgen war. Wäre die Meise nicht gewesen, hätte ich das Blatt nicht einmal bemerkt, sah es für mich doch wie die anderen an den Goldruten- und Weidenröschenstängeln aus. Und auch für die anderen Meisen, die sich in mehr als zehn Meter Entfernung an der Futterstation bedienten, schien das Blatt nicht von Interesse gewesen zu sein. Doch kurz darauf landete eine der Meisen bei der ersten, hüpfte in ihrer Nähe herum und bekam innerhalb weniger Sekunden Gesellschaft von vier weiteren Meisen. Ich hatte an dieser Stelle wochenlang nicht auch nur einen einzigen der Vögel gesehen. Sie drehten ihren Kopf in alle Richtungen und pickten asymmetrisch an Blättern und Zweigen herum.

Links und Mitte: Die Eikapsel einer Gold-Wespenspinne, aufgepickt von einer Meise, die an die Eier herankommen wollte. Rechts: Eine intakte Eikapsel.

Eine Zeit lang ließen sie die erste Meise allein, die weiter an dem Blatt herumpickte, und suchten selbst hier und da nach Nahrung. Als sie allerdings nichts fanden, kehrten sie zu ihrem Artgenossen zurück, denn dieser *hatte* etwas gefunden. Da ich auch wissen wollte, was, lief ich nach draußen, sobald der Vogel weg war, und hob eine nun völlig leere Spinneneikapsel auf. Die anderen Meisen hatten sich der ersten nicht genähert, weil sie *Nahrung* gesehen hatten – sie waren aufgrund des *Verhaltens* ihres Artgenossen gekommen. Er hatte sich benommen, als hätte er Nahrung gefunden.

Zwei Tage später war ich wieder am Fenster. Ich hatte die leere Spinneneikapsel wieder zurückgelegt, auf der Schneedecke daneben waren keine Vogelspuren zu sehen. Nun aber fiel mir ein ähnliches Seidenpaket an derselben Stelle wie vorher auf – weil eine Meise dorthin flog. Dieser Vogel pickte nur etwa drei bis vier Sekunden an dem Paket herum und flog dann weiter, doch nahm anschließend ein zweiter Vogel sofort seinen Platz ein und blieb – eine Minute, noch eine, noch eine und noch eine. Dem ersten Vogel war es nicht gelungen, die Hülle zu durchdringen, er hatte keine Nahrung gefunden. Nachdem der zweite Vogel fort war, ging ich hinaus, um den Gegenstand zu untersuchen; er stellte sich als Eikapsel einer Radnetzspinne, der Gold-Wespenspinne *(Argiope aurantia),* heraus. Sie war nur wenig beschädigt und nicht aufgepickt.

Einen Monat später sah ich wieder eine einzelne Meise in dem Gewirr aus welken Stängeln und Blättern. Sie schien nach etwas zu suchen und pickte hin und wieder an einigen eingerollten, vertrockneten Blättern herum. Eine zweite Meise gesellte sich zu ihr und pickte ebenfalls auf die inspizierten Blätter ein; nur wenige Sekunden später waren es schon drei Meisen.

Die Meise sieht, die Meise tut. Offensichtlich besteht einer der Vorteile, sich als Meise einer Schar anzuschließen, darin, Entdeckungen zu machen und das Wissen darüber in der Gemeinschaft zu speichern. Dafür hat der Mensch die Gesellschaft. Sie versorgt uns mit vielfältigen Gelegenheiten und Möglichkeiten, die unsere Wege kreuzen, ohne dass wir sie selbst eingeschlagen hätten. Manchmal entdecken und ergreifen wir sie dann – und das macht den entscheidenden Unterschied.

11
Birkenzeisige und ihre Schneetunnel

Die Natur kann zaubern und greift dafür oft tief in die Trickkiste. Sie zieht ein Kaninchen nach dem anderen aus dem Hut, und es ist immer wieder eine Freude zu sehen, was sie uns als Nächstes präsentiert. Manchmal ist es nicht das, was wir erwartet haben – dann erwacht die Magie erst wirklich zum Leben.

Schwarzkopfmeisen bleiben meist ihr ganzes Leben lang in derselben kleinen Schar am selben Ort, wo sich die einzelnen Vögel wahrscheinlich untereinander kennen und in eine Dominanzhierarchie einordnen. Im Gegensatz dazu bilden die nördlichen Finken oft riesige, anonyme Schwärme und spezialisieren sich auf eine bestimmte Nahrung, die sie über enorme Entfernungen hinweg suchen. In der Regel besteht diese Nahrung aus Samen, die die Früchte der Pflanzen höchst unterschiedlich verpackt haben und die mechanisch nur schwer zugänglich sind. Einige Kernbeißerspezies verfügen über massive Schnäbel, die sogar Kirschkerne knacken können. Distelfinken besitzen dagegen grazil zugespitzte Schnäbel, die feinmotorisch perfekt auf die kleinen Samen der Distelköpfe abgestimmt sind, von denen sich die Vögel ernähren. Kreuzschnäbel können die Deckblätter von Koniferenzapfen aufbrechen und so die Samen am Zapfengrund herauspicken. Doch all diese Finken haben eines gemeinsam: Sie müssen zur richtigen Zeit am richtigen Ort sein, um das unvorhersagbare Fruchtschema der Pflanzen nicht zu verpassen. Die Samenfresser legen wie bereits erwähnt mitunter riesige Distanzen zurück und sind so ebenfalls unberechenbar (zumindest für uns); manchmal kommen sie in einer bestimmten Region jahrelang kaum oder gar nicht vor, dann in derselben Region wieder in Hülle und Fülle. In Nordamerika zählen zu diesen Vogelarten, auch Winterfinken genannt, zwei Kreuzschnabelarten, Hakengimpel, Abendkernbeißer, Fichtenzeisige und Birkenzeisige.

Der Birkenzeisig *(Carduelis flammea)* ist einer der kleinsten Finken, die in der schneebedeckten Tundra der Hocharktis heimisch sind. Er lebt das ganze Jahr über nördlich der Hudson Bay, wo er sich als Nahrungsspezialist von den Samen der Fichten-, Birken- und Erlenzapfen ernährt. Herrscht im Norden winterbedingte Nahrungsknappheit, zieht der Vogel gen Süden. Auch der Bindenkreuzschnabel ist schon in Maine gesichtet worden – das letzte Mal im Winter 2006/2007 –, der Fichtenzeisig 2011/2012. Und im Winter 2012/2013 wurden große Schwärme von Birkenzeisigen im Norden der Vereinigten Staaten beobachtet.

2012 fiel am 5. November der erste Schnee um meine Hütte in Maine. Elf Tage später tauchte eine Schar von rund dreißig Birkenzeisigen an meinen mit ungeschälten Sonnenblumenkernen gefüllten Futterstationen auf. So weit südlich hatten sie sich aus ihrem Verbreitungsgebiet in der Hocharktis seit vielen Jahren nicht vorgewagt; deshalb freute ich mich besonders, sie zu sehen. Es kamen immer mehr Vögel, bis ich um den 20. Januar 2013 täglich schließlich hundert bis hundertfünfzig Birkenzeisige an den Futterstationen auf meiner Lichtung zählte. Zu dieser Zeit war der Schnee pulvrig, und die Temperatur schwankte zwischen minus acht und minus vierundzwanzig Grad Celsius. Ebenfalls regelmäßig kamen eine Schar von bis zu zweiundzwanzig Abendkernbeißern, zwanzig Hakengimpel und acht Purpurgimpel. So wunderte ich mich auch nicht, als am 23. Januar vier Minuten nach Sonnenaufgang rund hundertfünfzig Birkenzeisige sowie Abendkernbeißer, Hakengimpel und Purpurgimpel erneut auf der Lichtung erschienen. Ich arbeitete gerade am Schreibtisch und sah nur hin und wieder zum Fenster hinaus, da ich die Vögel zu diesem Zeitpunkt ja schon öfter gesehen hatte. Es wehte ein harscher Wind, das Thermometer zeigte minus sechsundzwanzig Grad Celsius an.

Wie immer hüpften die Birkenzeisige nach ihrer frühmorgendlichen Mahlzeit auf dem tiefen Pulverschnee herum. Dieses Mal konzentrierten sie sich auf einen Flecken mit Virginische-Traubenkirschen-Sträuchern, obwohl die Futterstationen noch voll und einige Sonnenblumenkerne auch auf den Schnee darunter gefallen waren. Wo sie sich momentan versammelten, konnte ich zwar keine Nahrung erkennen, doch beobachtete ich, wie sich ein Vogel nach dem anderen kopfüber in die Schneedecke stürzte, mit den Flügeln flatterte und sich immer noch mit dem Kopf voran mehrere Zentimeter tief in den Schnee bohrte.

Das seltsame Verhalten der Birkenzeisige erinnerte an das typische Vogelbaden, bei dem der Vogel Kopf und Vorderseite des Körpers ins Wasser taucht und anschließend mit den Flügeln flattert, sodass das Wasser in alle Richtungen spritzt. Was die Birkenzeisige da im Schnee taten, wich allerdings ein wenig davon ab. Sie schoben sich und liefen gleichzeitig nach vorn, wobei zwar das wiederholte Anheben des Kopfs fehlte, das Flattern mit den Flügeln aber nicht. Immer wenn sich der Vogel in den Schnee gegraben hatte, tauchte er danach wieder auf und hüpfte auf der Schneedecke herum, die nun eine Furche oder einen Tunnel aufwies. Ich hatte dieses Verhalten noch nie zuvor gesehen und ergriff deshalb die Gelegenheit, es näher zu studieren.

Am Ende des Tages waren einundfünfzig solcher Mulden überall an den Stellen verstreut, wo sich die Zeisige in kleinen Gruppen versammelt hatten. Die meisten Gebilde waren zwischen vier bis fünf Zentimeter breit, sechs bis zwanzig Zentimeter lang und vier bis sechs Zentimeter tief. Fünf von ihnen waren regelrechte Tunnel mit deutlich sichtbaren Ein- und Ausschlupflöchern und intakter Schneebrücke darüber. Die Fußabdrücke, die sie beim Herumhüpfen auf dem Schnee hinterlassen hatten, machten dagegen kaum Dellen in die Oberfläche.

Nachdem sie annähernd eine Stunde mit dem Graben im Schnee beschäftigt gewesen waren, kehrten die Vögel zu den Futterstationen zurück oder saßen beinahe regungslos in kleinen Gruppen in den Bäumen am Rand der Lichtung. Zum frühen Nachmittag hin waren sie alle verschwunden, und keiner der Zeisige hatte sich jeweils länger als ein paar Sekunden in seiner Schneefurche oder in seinem Tunnel aufgehalten.

Ich hatte keine Ahnung, was dieses Verhalten bedeutete, auch wenn es einige Ähnlichkeiten mit dem winterlichen Tunnelgraben des Kragenhuhns aufwies (siehe Kapitel 12). Ich wusste nur, dass es etwas bedeuten *musste*, dass sich eine Geschichte dahinter verbergen musste. Was taten die Birkenzeisige da? Badeten sie? Suchten sie im Schnee nach Nahrung? Oder suchten sie in den Furchen und Tunneln Schutz vor der Kälte? Für mich wieder einmal ein Rätsel, das ich unbedingt lösen wollte.

Wie bereits erwähnt, waren in diesem Winter der Jahre 2012/2013 die Birkenzeisige nicht die einzigen Vögel an meinen Futterstationen. Wo-

Birkenzeisige beim Herumhüpfen auf dem Schnee beziehungsweise beim Graben eines Schneetunnels.

chenlang hintereinander gesellten sich vier weitere Arten von nördlichen Finken sowie vier verschiedene Spezies anderer Vögel zu ihnen. Mir bot das die ausgezeichnete Gelegenheit, das Verhalten der Birkenzeisige mit dem anderer Vögel zu vergleichen, insbesondere mit dem gleichzeitig auftauchender Finken.

Am nächsten Tag, dem 24. Januar – in der Nacht waren die Temperaturen auf minus achtundzwanzig Grad Celsius gesunken –, tauchten im ersten Morgengrauen an die hundert Birkenzeisige auf meiner Lichtung auf. Und wieder stärkten sie sich zuerst mit Sonnenblumenkernen, bevor sie gleich darauf im Schnee badeten; allerdings löschte ein heftiger Wind sofort alle Spuren ihrer Betätigungen aus, sodass es mir nicht möglich war, Daten zu sammeln. Kälte und Schnee hielten sich hartnäckig, und am 25. Januar versammelten sich die Zeisige bei minus dreiundzwanzig Grad Celsius wiederum auf dem Schnee in der Nähe der Virginischen Traubenkirschen, nachdem sie sich kurz nach Anbruch des Tages Sonnenblumenkerne aus der Futterstation geholt hatten. Dieses Mal hinterließen sie insgesamt neunundfünfzig Gräben im Schnee. Einige der Vögel flogen zu anderen Virginischen Traubenkirschen und gruben dort vierundfünfzig weitere Furchen. Eine dritte Schar hinterließ, erneut in der Nähe Virginischer Traubenkirschen, sechzehn Schneemulden. Im offenen Gelände an der Peripherie der Lichtung fand ich noch einmal siebzehn Gräben, doch nur drei auf dem großen freien Gebiet des Felds an sich. Wie schon an den vorangegangenen beiden Tagen fand das Graben/Schneebaden immer nur nach der morgendlichen Nahrungsaufnahme statt. Gegen zehn Uhr vormittags war es vorbei, wenngleich bis etwa zwei Uhr nachmittags immer wieder kleinere Gruppen von Vögeln kamen und fraßen, danach jedoch keine Schneetunnel gruben.

Die niedrigen Temperaturen allein können das Verhalten nicht ausgelöst haben, denn am 26. Januar hatte sich das Wetter zwar kaum geändert – es war immer noch so kalt und klar und windstill, und auch der Schnee war wie zuvor –, doch es wurden keine Schneetunnel gegraben. Und am 27. Januar fand ich trotz ähnlicher Wetterbedingungen neue Tunnel, allerdings nur zweiundvierzig. An diesem Tag beobachtete ich das Schneebaden zum letzten Mal, obwohl die Birkenzeisige und anderen Vögel meine Futterstation den ganzen Winter über weiterhin täglich besuchten. Der Winter war generell kalt und relativ trocken, und zum Baden hätten die Zeisige vielleicht feuchteren Schnee gebraucht.

Für gewöhnlich saßen die Birkenzeisige hoch oben in den Bäumen um die Lichtung und blieben nie länger als nur wenige Sekunden in ihren Schneemulden. Nachts verschwanden sie im Wald, auf dem Schnee dort aber fand ich weder Fußabdrücke von ihnen noch Gräben. Was ich jedoch fand, waren die Spuren und nächtlichen Schneehöhlen des viel selteneren Kragenhuhns; die Birkenzeisige schliefen demnach wahrscheinlich in den Bäumen.

Das Verhalten der Birkenzeisige kam mir immer seltsamer vor, weil während meiner fünfmonatigen Beobachtungszeit weder die Kernbeißer noch die Goldzeisige noch die Purpurgimpel im Schnee gebadet oder Tunnel darin gegraben hatten. So begann ich, in der Literatur nach Berichten des Verhaltens und Thesen über die Gründe dafür zu suchen. Im Winter 2001/2002 waren Scharen von Birkenzeisigen Mitte Januar im Adirondack Park, einem riesigen Schutzgebiet im US-Bundestaat New York, beim Flattern im Schnee beobachtet worden. J. E. Collins und J. M. C. Peterson schlussfolgerten im Jahr 2003, dass sich die Vögel dabei gegenseitig stimulierten und es offensichtlich »aus Vergnügen« taten. Ich nehme an, dass man das Vergnügen voraussetzen darf – Essen ist ebenfalls ein Vergnügen, erfüllt darüber hinaus aber noch eine andere wichtige Funktion. R. S. Palmer (1949) und G. Furness (1987) beschreiben ähnliche Badeaktivitäten von Birkenzeisigen in Maine. Dagegen weiß man von kleinen Vögeln in Nordeuropa, etwa von Birkenzeisigen und Lapplandmeisen *(Parus cinctus)*, dass sie sich in Schneetunneln vor Wind und Kälte schützen. Um die Hypothesen zu testen, sah ich mir die Daten zu den Birkenzeisigen noch einmal im Zusammenhang mit dem Wetter an. Die Temperaturen variierten zwischen minus achtundzwanzig und plus viereinhalb Grad Celsius, der Himmel war wolkenlos oder bedeckt, der Schnee pulvrig oder pappig und nass. Die Birkenzeisige brauchten für ihre Tunnel eher pulvrigen Schnee, niemals badedeten sie in feuchtem Schnee. Allerdings übernachteten sie nicht in den Tunneln, die sie – ausschließlich bei Kälte – gegraben hatten, auch nicht in den kältesten Nächten. Viele Tage lang hatten sich bei ganz unterschiedlichen Wetterbedingungen und wechselnden Temperaturen Hunderte von Birkenzeisigen an meinen Futterstationen versammelt, doch konnte ich keinen Faktor der äußeren Umgebung eindeutig als Auslöser für das Graben ihrer Schneetunnel ausmachen.

Bei den Birkenzeisigen beeinflussen sich die einzelnen Mitglieder der Gruppen gegenseitig enorm. Sie erschienen in dichten Scharen wie in einer kleinen Wolke, blieben eng beieinander, während sie fraßen, und verschwanden so auch wieder. Sie animierten sich gegenseitig zum Fliegen: Flatterte einer zum Fressen zu einer Stelle, an der ich seit Wochen keinen Vogel mehr gesehen hatte, folgte rasch einer nach dem anderen, bis Dutzende beieinander waren. Einmal versammelten sich rund zwanzig Birkenzeisige dort, wo zuerst nur einer hingeflogen war, um sich am Fruchtstand eines Gänsefußes *(Chenopodium)* zu laben, der aus dem Schnee herausragte. Die zwanzig Vögel kehrten mindestens fünfzehnmal in Folge in kurzen, synchronen Flügen an die Stelle zurück, doch unternahm keiner den Versuch, sich auf der Suche nach den Samen der größtenteils noch bedeckten Pflanze in den Schnee zu graben. In ähnlicher Weise zogen badende Vögel einander an und agierten ebenfalls im Gleichtakt.

Das Graben der Tunnel konnte auch nicht als Strategie der Nahrungssuche erklärt werden, da es meist nicht in der Nähe von Futterplätzen stattfand, sondern eher nach dem Fressen. Die Standardhypothese zur Erklärung des Verhaltens lautet, dass das Graben von Furchen und Tunneln im Schnee dem Schutz vor der Kälte und damit dem Erhalt der Energiereserven diene. Wie im nächsten Kapitel zu lesen sein wird, taucht das Kragenhuhn beispielsweise in lockerem Schnee unter und baut sich jede Nacht eine neue Schneehöhle. Aufgrund ihrer geringen Körpergröße, bei der Wärme über kürzere Zeit gespeichert werden kann, sollten Birkenzeisige eigentlich viel anfälliger gegen Kälte sein als Kragenhühner; man könnte meinen, die Vögel kompensierten dies, indem sie sich bei Einbruch der Nacht auf Ästen aneinanderdrängen, wie etwa auch Indianergoldhähnchen das tun. Doch Birkenzeisige drängen sich nicht aneinander und müssen demnach über andere Wege verfügen, um bei Temperaturen unter null zu überleben.

Ein wichtiger Aspekt dieser Überlegungen ist die Tatsache, dass sich die Birkenzeisige in Maine sehr weit südlich ihres üblichen Verbreitungsgebiets aufhalten. Wie sie die Winternächte in der arktischen Tundra überstehen, wissen wir nicht, wenngleich einige Forscher die These aufgestellt haben, dass die Vögel in Schneetunneln übernachten. Doch da sie selbst bei schneidendem Wind und Temperaturen von bis zu minus sechsundzwanzig Grad Celsius nie länger als ein paar Sekunden in den Gräben blieben und abends auch nicht zu ihnen zurückkehrten, scheint mir die These zumindest bei den Birkenzeisigen in Maine nicht zu greifen.

Hier in Neuengland scheint das Graben der Schneetunnel keinen unmittelbaren Zweck zu erfüllen. Und in solchen Fällen – Verhaltensweisen, auf die sich der Mensch keinen Reim machen kann – zieht man als Erklärung gern das Spielen heran. Es ist zwar eher durch Vergnügen als durch eine erwartete Belohnung motiviert, dient aber der Übung adaptiven Verhaltens, das in Zukunft noch gebraucht werden könnte. Die Birkenzeisige verfügen offensichtlich nicht nur über die Fähigkeit, sondern auch über den Drang, Tunnel in den Schnee zu graben. Dieses Verhalten findet seine volle Entfaltung möglicherweise erst in der Arktis, wo es den Vögeln beim Überleben der Kälte hilft; an Orten jedoch, an denen das Verbleiben in den Tunneln mit einem Risiko verbunden ist, kommt das Verhalten vielleicht nur als Spiel zum Ausdruck. So wären kleine Vögel in Schneetunneln in den Wäldern Neuenglands beispielsweise durch auf dem Boden lebende Beutegreifer wie Kurzschwanzspitzmäuse oder Wiesel gefährdet.

Ich vermute allerdings, dass der Hauptgrund dafür, dass Birkenzeisige in Neuengland nicht in ihren Schneetunneln übernachten, mit den Temperaturschwankungen zusammenhängt. Während der meisten Winter hier wechseln sich Tage, an denen es schneit, an denen der Schnee schmilzt und an denen der Boden hartgefroren ist, ab, und häufig geschehen diese Änderungen sogar über Nacht. Ein kleiner Vogel im Schnee, der mal taut, mal friert, ist dem potenziell tödlichen Risiko ausgesetzt, unter einer Eiskruste festzusitzen. Wie oft es dazu kommen könnte, spielt kaum eine Rolle, wenn auch nur ein solcher Eissturm eine ganze Population auslöschen würde – in dem Fall nämlich, wenn alle Vögel dieser Population den Fehler begingen, sich am Abend vor einem Nachtfrost in feuchten Schnee einzugraben. Vielleicht kürzen die Birkenzeisige ihr Übernachtungsverhalten in südlicheren Gefilden aufgrund der wechselhafteren Wintertemperaturen ab.

Zwei Jahre später waren wieder Birkenzeisige in meiner Gegend. Dieses Mal kamen sie in kleineren Scharen, immer nur bis zu zwanzig gleichzeitig. Wie vorher auch waren die Temperaturen in den zwei oder mehr Monaten, in denen sie regelmäßig meine Futterstationen besuchten, niedrig, und der Schnee war pulvrig. Sie hüpften täglich auf dem Schnee herum, das Bade-/Tunnelgrabverhalten sah ich dagegen kein einziges Mal. Ich war, und bin es noch immer, sehr froh, dass ich die seltene Gelegenheit zwei

Jahre zuvor ergriffen und die Vögel beim Schneebaden beobachtet hatte! Dass ich das jetzt nicht mehr konnte, machte das Verhalten nur umso faszinierender. Wahrscheinlich steckt doch mehr dahinter, als ich dachte.

12 Dem Kragenhuhn auf der Spur

In meinem Wald gibt es ebenso wie in fast jedem Wald im nördlichen Nordamerika Kragenhühner. Ich liebe den Gesang der Männchen an einem warmen Frühlingsmorgen, und auch das tiefe, pulsierende, donnerähnliche Trommeln, das die Tiere nachts von sich geben, habe ich schon gehört. Am häufigsten sehe ich die Vögel im November, wenn ich in der Abenddämmerung in einem Baum im Wald sitze und auf Wild warte. Dann ist es ganz still, und ich spitze die Ohren, um das ferne Knacken eines Zweigs, das vielleicht von einem Hirsch oder Reh stammt, nicht zu verpassen. Zu diesen Gelegenheiten bin ich schon öfter von Raufußhühnern aufgeschreckt worden, die sich ab dem Herbst vom Boden in die Baumwipfel wagen, wo sie sich am Abend kurz an den Knospen gütlich tun. Unmittelbar vor Einbruch der Nacht hört man in einem ansonsten stillen Wald jeden Flügel, der versehentlich einen Ast streift, und erschrickt unweigerlich – vor allem in der Jagdsaison, wenn man schon tagelang, Stunde um Stunde hyperwachsam gewesen ist.

Raufußhühner sind das bei uns am häufigsten bejagte nördliche Federwild und außerdem die Lieblingsbeute von Habicht, Rotschwanzbussard und Virginia-Uhu. Vielleicht sind sie aus diesen Gründen auch einer der scheuesten Vögel überhaupt. Allerdings kommt es hin und wieder ebenfalls vor, dass sich einzelne Tiere dem Menschen anschließen. Ein Freund von mir, ein Forstarbeiter, erzählte mir von einem Raufußhuhn, das jeden Tag im Wald auf ihn wartete und ihm dann folgte, direkt hinter seinem Seilschlepper. Einem anderen Freund von mir, einem Naturforscher, ist einmal ein Raufußhuhn nachgelaufen, als er mit dem Fahrrad unterwegs war (er hielt an und fing es ein, um es anschließend wieder freizulassen). Ein wieder anderer Freund erzählte mir von einem Raufußhuhn, das ihn und seine Familie jeden Tag monatelang auf seiner Veranda besuchte. Auf einem Foto in der Winterausgabe 2013 der Zeitschrift *Northern Woodlands* ist die Naturforscherin Mary Holland mit einem Raufußhuhn aus freier

Wildbahn auf dem Knie zu sehen – der Vogel war ihr auf ihrer Wanderung durch den Wald gefolgt. Sie hat ihn auch später noch bei verschiedenen Gelegenheiten wieder getroffen. Vor mir haben Raufußhühner meist die Flucht ergriffen, und zwar blitzartig, abgesehen von einigen Weibchen, die mich angreifen wollten, als ich ihren Jungen zu nahe kam. Sitzen die Tiere auf dem Gelege, lassen sie sich jedoch nicht so leicht aufscheuchen. Nur einmal, als ich mich einem Nest wiederholt näherte, ist das brütende Weibchen aufgeflogen und war außer Sicht, noch bevor ich das Nest erreicht hatte.

Kragenhühner bleiben das ganze Jahr über in den Wäldern im Norden, wie streng der Winter auch sein mag. Über ihr Leben im Sommer und Herbst wusste ich bereits ein wenig, über das im Winter nicht, außer dass sie sich nachts in den Schnee eingraben, um Schutz vor der Kälte zu suchen. Da Schnee wärmedämmend wirkt, müssen die Tiere durch diese Verhaltensanpassung an den Winter nicht so stark zittern, um sich warmzuhalten, und sparen so Energie. Raufußhühner finden auch in den winterlichen Wäldern von Maine genügend Baumknospen zum Fressen, doch ist die Energieausbeute aus dieser überwiegend aus Ballaststoffen bestehenden Nahrung aufgrund der Verarbeitungskapazität des Darms beschränkt. Wie es bei den meisten Pflanzenfressern der Fall ist, arbeitet auch der Darmtrakt der Raufußhühner auf Hochtouren, allein um eine positive Energiebilanz aufrechtzuerhalten.

Im Januar 2015 war, wie in so vielen Wintern in Maine, nicht nur der Schnee reichlich, es herrschten tags wie nachts auch immer wieder Temperaturen unter null. Seltsamerweise hatte ich seit beinahe sechs Wochen kein Raufußhuhn mehr gesehen – obwohl es ein gutes Jahr für die Tiere gewesen war. Doch plötzlich, ich war gerade auf Schneeschuhen unterwegs, um nach Spechthöhlen zu suchen, in denen nächtens vielleicht Meisen und Kleiber Schutz gesucht hatten, brach keine zwei Meter von mir entfernt ein Raufußhuhn aus seiner Deckung im Schnee. Das hätte mir kaum zu denken gegeben, hätte ich nicht gewusst, dass die Tiere die *Nacht* in den Schnee eingegraben verbringen. Im Kontext der Probleme, die das Übernachten bei Minusgraden für den Vogel und vielleicht auch für mich aufwarf, löste das soeben Erlebte bei mir einige Verwirrung aus. Es war, wie ich mir damals notiert hatte, »ein sonniger und eigentlich warmer Tag, die Sonne schien schon seit vier Stunden – warum also um alles in der Welt war dieser Vogel gerade erst aufgestanden?« Nun war es tatsächlich schon vorgekommen, dass jemand ein Raufußhuhn erst gegen Mittag aus dem Schnee aufgescheucht hatte, mir selbst war das in der Vergangenheit bereits passiert. Von einigen wurde das als schon bekannt abgetan, doch auch Allgemeinwissen lohnt sich manchmal zuhinterfragen.

Ich hatte mir die Schneehöhlen der Tiere früher schon einmal angesehen und war angesichts der üblichen Raufußhuhnnahrung nicht überrascht, darin jede Menge Exkremente zu finden. Raufußhuhnkot hat wenig mit den weißen, flüssigen Klecksen zu tun, die wir normalerweise mit Vogelexkrementen assoziieren. Baumknospen, meist Blütenstände, produzieren feste, würstchenförmige Kötel, die den Knospen ähneln und sich beinahe auch so anfühlen. Auch die Höhle, über die ich soeben gestolpert war, untersuchte ich, fand darin aber weniger Kot als erwartet. Das war wiederum seltsam, denn eigentlich hätten es durch das »Verschlafen« des Vogels doch mehr Exkremente sein müssen. Ich zählte lediglich zweiundzwanzig Kötel. Wie viele die Tiere für gewöhnlich in einer Nacht absetzen, wusste ich nicht, doch nun wollte ich mir unbedingt auch andere Schneehöhlen ansehen.

Auf einige schwere Schneestürme waren mehrere leichte gefolgt –Bedingungen, unter denen Raufußhühner auf jeden Fall Schutz unter der Schneedecke suchen. Außerdem waren die verräterischen Mulden auf dem ansonsten makellos glatten Schnee schon aus einer Entfernung von mehr als hundert Metern zu sehen. So begann ich sofort damit, öfter und länger im Wald spazieren zu gehen.

Im Laufe von zwei Tagen entdeckte ich ein paar Dutzend vormals besetzte Raufußhuhnhöhlen, aus denen ich den Kot einsammelte und in separaten Plastiktüten verstaute. Als ich wieder in meiner Hütte war, taute ich die Kötel auf, um sie zu zählen. Ihre Anzahl pro Höhle variierte erheblich, von drei bis einundsiebzig, in den meisten Höhlen aber hatte ich zwischen fünfundvierzig und fünfundfünfzig Kotbällchen gefunden. Dies und andere Beobachtungen im Zusammenhang mit den Schneehöhlen legten verschiedene Schlussfolgerungen nahe, an die ich vorher nicht gedacht hatte – nun wollte ich erst recht weiterforschen. Leider war ich jedoch auch nach weiteren Stichproben nicht schlauer, weil die meisten der Exkremente aus alten Höhlen stammten, die die Tiere in den vorangegangenen Wochen bei leichteren Schneefällen gegraben hatten. Was ich wirklich wissen wollte, war die Tageszeit, zu der das Raufußhuhn die jeweilige Höhle betreten und wann es sie wieder verlassen hatte. Doch wie sollte ich das herausfinden?

Wann der Vogel die Höhle verlassen hatte, wusste ich nur zuverlässig, wenn ich ihn vorher aufgescheuchte hatte. Dann wusste ich allerdings immer noch nicht, wann er unter den Schnee geschlüpft war oder wie lange er geblieben wäre, hätte ich ihn nicht gestört. Theoretisch hätte ich Ein- und Ausschlupfzeit herausfinden können, wenn ich mich im Wald versteckt und gewartet hätte – vielleicht einen Monat lang, vielleicht aber auch länger, jedenfalls so lange, bis zufällig ein Raufußhuhn vorbeispazierte und beschloss, sich genau an dieser Stelle im Wald in den Schnee einzugraben. Anschließend hätte ich natürlich noch warten müssen, bis der Vogel die Höhle wieder verließ, wenn ich die exakte Aufenthaltsdauer wissen wollte. Und selbst dann hätte ich lediglich die Daten von *einem* Raufußhuhn zu *einem* ganz bestimmten Zeitpunkt gesammelt. Alles in allem erschien mir diese Vorgehensweise wenig praktikabel.

Die alternative Möglichkeit, die ich letztlich auch wählte, bestand darin, einen langen Schneeschuhpfad durch den Wald anzulegen und diesen dann auch oft zu benutzen. Ich tat es zweimal am Tag und machte mir dabei Notizen über die Raufußhuhnhöhlen, deren Ein- und Ausgänge ich an den markanten Spuren im Schnee erkannte. Außerdem hielt ich Tageszeit, eventuellen Wind und Windstärke – dieser wirkte sich natürlich auch auf die Oberflächenstruktur des Schnees aus – sowie die Intensität der Schneefälle fest; all diese Informationen zusammen sollten mir bei der Einschätzung helfen, wie lange eine bestimmte Höhle jeweils besetzt war. Darüber hinaus sammelte ich jedes Mal auch die Exkremente ein und zählte sie zu Hause. Nachdem ich alle Höhlen erfasst hatte, konnte ich mir sicher sein, dass die Ein- und Ausschlupflöcher bei meinem nächsten Ausflug auch wirklich neu waren. Angesichts dessen, dass ich vom Pfad aus rechts und links mindestens zwanzig Meter weit in den Wald hineinsehen konnte, deckte ich bei einer Zwei-Kilometer-Runde eine beträchtliche Fläche ab. Anhand meiner Aufzeichnungen und der Anzahl der Kotbällchen konnte ich schließlich schätzen, wie lange sich ein Raufußhuhn durchschnittlich in seiner Höhle aufhielt.

***

Am 1. März hatte ich Aufzeichnungen zu vierundneunzig Raufußhuhnhöhlen gesammelt. Ich fand heraus, dass Höhlen, die kurz vor Einbruch der Dunkelheit gegraben und kurz nach Anbruch des Tages von selbst wieder verlassen wurden, vierzig bis fünfundfünfzig Kotballen enthielten. Geht man von einer Zwölf-Stunden-Nacht aus, setzt der Vogel demnach rund vier Kotballen pro Stunde ab. Zudem schreckte ich elf Raufußhühner zu verschiedenen Tageszeiten vom Morgen bis zum späten Nachmittag aus ihren Höhlen auf. Die Anzahl der Kotballen, die die Tiere in den Höhlen hinterlassen hatten, setzte ich in Bezug zu der Zeit, zu der ich die Vögel aufgeschreckt hatte, und stellte fest, dass die Kotballenanzahl linear anstieg: von kein Kotballen um sieben Uhr morgens – das bedeutete, dass das Raufußhuhn erst vor Kurzem in die Höhle geschlüpft war und nicht darin übernachtet hatte – bis fast dreißig Kotballen am frühen Nachmittag. In den drei Höhlen hingegen, aus denen ich die Tiere am späten Nachmittag oder kurz vor der Abenddämmerung aufgeschreckt hatte, fand ich nur drei oder vier Kotballen, was darauf hinwies, dass die Vögel die Höhlen verlassen hatten und am Abend zurückgekehrt waren, entweder um darin zu übernachten oder um sich nur kurz darin aufzuhalten, bevor sie nach Sonnenuntergang wieder auftauchten und vor dem Übernachten etwas fraßen.

Aus diesen Kotuntersuchungen schloss ich, dass sich die Raufußhühner im Januar und Februar meist früh am Morgen sowie gegen Ende des Tages Nahrung suchten und den Großteil des Tages im Schnee eingegraben verbrachten. Dies stimmte mit meinen oberirdischen Beobachtungen überein: In einem Monat, in dem ich zweimal täglich jeweils eine Stunde lang spazieren gegangen war, hatte ich tagsüber nie ein Raufußhuhn zu Gesicht bekommen – außer ich hatte es aus seiner Höhle im Schnee auf-

Ein Kragenhuhn in seiner Schneehöhle.

geschreckt. Hätte ein Raufußhuhn in einem kahlen Laubbaum gesessen und an Baumknospen geknabbert, wäre es aus mindestens sechzig Meter Entfernung deutlich sichtbar gewesen. Ich sah aber nur an einem einzigen Abend – sechzehn Minuten nach dem offiziellen Sonnenuntergang – einen der Vögel im Wipfel einer Papier-Birke sitzen und Baumknospen fressen. Was diejenigen anging, die den Wald nur tagsüber besuchten, so gab es für sie dort keine Raufußhühner.

Die Spuren im Schnee, die mir verrieten, wann die Tiere ihre Höhlen aufsuchten, gaben über ihr Verhalten aber noch anderen Aufschluss. Zum einen waren die meisten Höhleneingänge winklig angelegt, was darauf schließen ließ, dass die Vögel mit eng am Körper gehaltenen Flügeln in den Schnee tauchten. Diese Eingangsmulde führte in einen für gewöhnlich kurzen Tunnel, der etwa die Breite des Raufußhuhns hatte; der Vogel schob sich demnach auf Brust und Bauch nach vorn, statt zu laufen oder mit den Flügeln zu flattern. Der Tunnel war in der Regel weniger als einen Meter lang, einer allerdings wies eine Länge von drei Metern auf. Die längeren Tunnel verfügten oft über ein oder zwei »Gucklöcher«, aus denen der Vogel wahrscheinlich den Kopf herausgesteckt und über den Schnee geblickt hatte. Am Ende des Tunnels befand sich dann die eigentliche Höhle. Diese hatte immer eine feste Basis, auf der der Vogel sitzen und von der er sich abstoßen konnte; diese Basis bestand vermutlich aus komprimiertem Schnee und vielleicht auch aus Schnee, den der Vogel durch seine Körperwärme angetaut hatte und der anschließend wieder gefroren war.

Die meisten Kotbällchen waren relativ fest und erinnerten in der Form, wie bereits erwähnt, an Würstchen; sie waren einen bis zwei Zentimeter lang und wogen durchschnittlich eins Komma zwei Gramm. In einer Höhle waren sie zu einem kompakten Haufen aufgestapelt – der Vogel hatte sich nach dem Niederlassen also offensichtlich wenig bewegt. Der Kot war nicht schmierig, selbst nach dem Auftauen bekam ich von ihm keine schmutzigen Finger. In Höhlen mit einer größeren Anzahl von Exkrementen – um die fünfzig Kötel, meist in Übernachtungshöhlen – fand ich häufig jedoch auch drei oder vier viel größere Kotballen, die jeweils sieben Gramm wogen und frisch oder aufgetaut einer klebrigen, braunen, halb flüssigen Paste ähnelten. Diese Kotballen lagen immer separat. Sie waren nicht verschmiert, wie zu erwarten wäre, wenn sie in Kontakt mit dem Vogel gekommen wären. Deshalb nahm ich an, der Vogel hatte sie beim oder kurz vor dem Verlassen der Höhle abgesetzt. Die Gesamtkotmenge betrug normalerweise rund ein Siebtel des Körpergewichts eines Raufußhuhns.

Da bei den meisten der Höhlen weder zum Eingang hin noch vom Ausgang weg Fußabdrücke der Vögel führten, tauchten die Tiere wahrscheinlich aus der Luft hinein und schossen durch Aufspringen wieder daraus hervor. Dazu passte, dass sich die Höhlen an offenen Stellen im Wald befanden, die einen ungehinderten Zugang ermöglichten.

Zudem lagen die Höhlen meist in der Nähe anderer Raufußhuhnhöhlen. Ich hatte erwartet, sie in kleinen Gruppen in unmittelbarer Nachbarschaft vorzufinden, da ich in der herbstlichen Abenddämmerung auch oft beobachtet hatte, dass mehrere Vögel zusammen nach Nahrung suchten.

Zweimal schreckte ich zwei Vögel gleichzeitig aus getrennten, aber nah beieinanderliegenden Höhlen auf, häufiger jedoch fand ich leere Höhlen nah beieinander.

Auf meiner »Raufußhuhnrunde« konnte ich anhand der Lage der neuen Höhlen keinen alleinigen Grund für die Höhlenansammlungen ausmachen. Paarweise Höhlen waren im Abstand von einem Tag gegraben worden, und manche der Höhlen waren vermutlich Übernachtungshöhlen, die der Vogel in der Nähe einer früheren Höhle angelegt hatte.

Nun wollte ich herausfinden, ob die Vögel möglicherweise von Spuren im Schnee angelockt wurden, die wie Höhleneingänge aussahen. So imitierte ich auf einer meiner Runden einhundert solcher Eingänge, indem ich einen toten, an einem Strick befestigten Zwerghahn auf den Schnee warf und dann wieder zurückriss, was hoffentlich wie ein abtauchendes Raufußhuhn wirkte. Auf mich tat es das, auf die Raufußhühner aber wohl eher nicht, zumindest gruben sie in der Nähe meiner Attrappen keine neuen Höhlen. So konnte ich nur schlussfolgern, dass bei mehreren Höhlen in unmittelbarer Nähe entweder zwei Raufußhühner nebeneinander gegraben hatten oder ein Raufußhuhn neben der alten eine neue Höhle angelegt hatte (die Vögel benutzen nie mehrmals die gleiche Höhle).

Ursprünglich hatte ich wissen wollen, ob Raufußhühner sowohl am Tag als auch in der Nacht Zeit in ihren Schneehöhlen verbringen. Das tun sie. Ein solch langer Höhlenaufenthalt am Tag ist den Tieren nur aufgrund ihrer Nahrung möglich. Im Gegensatz zu den anderen Vögeln, die in diesen winterlichen Wäldern leben, müssen sie nicht konstant danach suchen, um überhaupt am Leben zu bleiben. Ihre reichlich vorhandene Nahrung, die Baumknospen, können sie beinahe überall und wahrscheinlich auch rasch sammeln, wie es den Tieren gerade passt und ohne erst lange nach ihnen suchen zu müssen. Das Verdauen der günstigen und leicht erhältlichen Speise hingegen ist ein langwieriger Prozess: Zuerst wird sie im Kropf gelagert, dann in den Kaumagen befördert, von wo aus sie zunächst zum Drüsenmagen und schließlich zum Darm transportiert wird. Aber auch dies verschafft den Tieren Unmengen von Zeit, weshalb sie sich so lange in ihren Höhlen aufhalten können. Die Höhle dient den Vögeln demnach als ruhiges Plätzchen zum Verdauen – war sie darüber hinaus aber vielleicht auch Teil einer Strategie, im Winter Beutegreifern zu entkommen?

Liegt kein Schnee, verstecken sich Raufußhühner die meiste Zeit über in Dickichten auf dem Waldboden. Dort suchen sie hin und wieder auch nach Nahrung, was ihnen bei Schnee natürlich nicht möglich ist, weshalb sie in die Wipfel der Bäume fliegen. Das tun sie in der Regel in der Morgen- und Abenddämmerung und häufig auch gemeinsam mit Artgenossen. Beides – das dämmerungsaktive Verhalten und der Schutz in der Gruppe – sollte sie ihren Hauptfressfeinden, dem Virginia-Uhu und dem Habicht, gegenüber weniger anfällig machen, wenn sie in den blattlosen Baumkronen sitzen und weithin sichtbar sind.

Doch auch den übrigen Tag über müssen sie sich vor Beutegreifern in Acht nehmen. Und wie ginge das besser als in einem Versteck unter einer dicken Schneedecke? Allerdings erzeugt eine clevere Strategie fast immer eine nicht minder clevere Gegenstrategie: Der betreffende Beutegreifer könnte – wie wir – beispielsweise lernen, das Raufußhuhn anhand der Spuren im Schnee aufzuspüren. Dies wiederum würde vermutlich zum Konter gegen die Gegenstrategie führen. Die Raufußhühner könnten das Lotterie- oder Hütchenspielprinzip anwenden: Je mehr Spuren im Schnee absolut *nichts* mit einem sich versteckenden Raufußhuhn zu tun haben, desto weniger verräterisch sind die Spuren, die tatsächlich zur potenziellen Beute führen. Von den Höhlen, die ich gefunden hatte, war weniger als eine von zehn von einem Raufußhuhn besetzt gewesen. Das liegt teilweise daran, dass die Tiere dieselbe Höhle nie zweimal benutzen, sodass sich zahlreiche Köder (aus der Sicht des Beutegreifers) an einem Ort anhäufen. Geht man davon aus, dass ein Raufußhuhn alle vierundzwanzig Stunden zwei Höhlen gräbt, ergibt das je nach Häufigkeit der Schneefälle bis zu sechzig verlassene Höhlen in einem Monat. Hinzu kommen noch die vielen Dellen im Schnee, die andere Tiere verursachen oder die vom herunterfallenden Schnee der Äste stammen.

Die Raufußhühner, die ihre Höhlen in der Nähe von Artgenossen graben, suchen möglicherweise auch in der Gruppe nach Nahrung; wird dann vielleicht eines davon angegriffen, haben die anderen noch genügend Zeit zu fliehen. Und selbst wenn ein Beutegreifer eine besetzte Höhle aufstöbert, weiß er immer noch nicht, wo genau im Verhältnis zum Höhleneingang er zuschlagen muss, um das Huhn auch zu erwischen. Das herauszufinden ist gar nicht so einfach, da zumindest die Tunnel, die ich im Tiefschnee untersucht hatte, von verschiedener Länge waren und sich in verschiedene Richtungen abwinkelten – hier war es schwer, die exakte Position des Vogels vorherzusagen. Nicht zuletzt verlassen die Raufußhühner ihre Höhlen regelrecht explosionsartig. (Mein einziger Versuch, ein Raufußhuhn direkt vor mir beim Verlassen seiner Höhle zu fotografieren, scheiterte kläglich: Ich wusste zwar, dass der Vogel jeden Moment auftauchen würde, war beim Drücken des Auslösers aber viel zu langsam, um den entscheidenden Augenblick einzufangen.) Und noch eine letzte Beobachtung, die als Fazit des bisher Gesagten und als Bestätigung angesehen werden kann, dass die Höhlen tatsächlich auch dem Schutz vor Beutegreifern dienen: Ich habe niemals Anzeichen dafür gesehen, dass sich ein Beutegreifer an einer besetzten oder verlassenen Höhle zu schaffen gemacht hätte, wenngleich Kojoten- und Wieselfährten im Wald häufig vorkamen.

Am 4. März hatte ich die Nase von Raufußhühnern dann doch etwas voll und fand es nicht mehr so fesselnd, ihre Hinterlassenschaften in den Höhlen zu zählen. Dennoch wollte ich die rund fünf Kilometer lange Strecke noch einmal gehen. Es war ein sonniger Mittag, das Thermometer war auf beinahe zwei Grad Celsius geklettert. Haar- und Dunenspechte trommelten, die Blauhäher hielten ihre immer laute erste Frühjahrszusammenkunft ab. Ein noch deutlicheres Anzeichen dafür, dass sich der Winter allmählich verabschiedete, waren die Schneeflöhe: Ich sah sie an diesem Tag zum ersten Mal wieder auf dem Schnee. Zwei Elche, eine Kuh und ihr Kalb trabten einige wenige Augenblicke lang vor mir her. Doch nichts war so aufregend wie der Anblick dreier Raufußhühner, die etwas taten, das sie seit mindestens zwei Monaten nicht mehr getan hatten.

Nachts waren einige Zentimeter Schnee gefallen. Darauf fand ich eine frische Raufußhuhnfährte, die in ein Fichtendickicht führte, wo sich der Vogel, ohne sich in den Schnee einzugraben, niedergelassen und sechzehn Kotballen abgesetzt hatte. Ich war am Morgen schon einmal hier gewesen und eine Weile geblieben, war aber lange vor der frühabendlichen Nahrungssuche wieder verschwunden. Ich scheuchte zwei weitere Raufußhühner auf, die für einen Großteil des Tages ebenfalls Schutz gesucht, sich aber nicht eingegraben hatten, obwohl der Schnee weich und luftig war. Stattdessen hatten sie sich unter den tief hängenden Zweigen einer Balsam-Tanne in Schneemulden geschmiegt. Schon bald darauf übernachteten sie gar nicht mehr an den offenen Stellen des Laubwalds, sondern schliefen wie das restliche Jahr über auch mehrere Meter hoch im dichten Geäst der Fichten und Balsam-Tannen, unter denen dann ihre Kotballen verstreut lagen.

Es war wunderbar, so unerwartet auf die Veränderungen im Verhalten der Tiere zu stoßen, die sich gewissermaßen über Nacht ereigneten und eine Reaktion auf sowohl die veränderten Schneebedingungen als auch die höheren Temperaturen waren. Es erinnerte mich wieder einmal daran, wie sehr es sich lohnt, Beobachtungen kontinuierlich durchzuführen – bei einem Vogel nach dem anderen.

13

Die Nesthelfer der Schnäppertyrannen

Ein rund dreißig Zentimeter langer hohler Baumstamm mit einem Loch an der Seite und je einem oben und unten angenagelten Brett gibt ein hervorragendes Vogelhaus ab. Und in ein solches Vogelhaus, das ich aus einem Stück Spätblühende Traubenkirsche vom Winterbrennholzvorrat gebastelt hatte, zog ein Schnäppertyrannenpaar ein. Im vorangegangenen Jahr hatte dieses oder ein anderes Paar einen Nistkasten belegt, der eigentlich für Brautenten gedacht gewesen war; Anfang April war dann ein Purpur-Grackel-Paar gekommen, weil der Bibersumpf in Vermont ausgetrocknet war und die Vögel in den Rohrkolben direkt über dem Wasser keine Nester mehr bauen konnten.

Jetzt, am 25. April 2010, bekamen die Bäume die ersten Blätter, und Felsenbirne, Waldlilie, Ostamerikanischer Hundszahn sowie Flieder standen in voller Blüte. Und, ach, die Vögel! Noch immer waren Zugvögel wie Weißkehlammer und Rubingoldhähnchen zu sehen. Ich hörte den ersten Waldsänger und sah, wie eine Meise in den Nistkasten schlüpfte, in dem im Jahr zuvor Sumpfschwalben genistet hatten. Der Breitschwingenbussard war zurück, und die Bekassine vollführte ihre Balzrituale über dem Sumpf. Die Phoebetyrannen hatten ihr massives Nest aus Schlamm und Moos bereits gebaut, dieses Jahr an einem schmalen Sims unter dem Dach und über einem Fenster. Die Hüttensänger des Nachbarn hatten soeben die ersten fünf Eier gelegt, und ein Specht, ein Saftlecker, klopfte am Phloem einer Kiefer herum, was ich noch nie zuvor gesehen hatte.

4. Mai 2010. Ich fand die erste blaue Schale eines Wanderdrosseleis auf dem Boden. Auf dem Teich eines Nachbarn schwammen soeben geschlüpfte Kanadagansgössel, deren Farbe mit dem Buttergelb des Löwenzahnteppichs wetteiferte, der nun die Grasflächen überzog. Rosafarbene und weiße Apfelblüten zierten die Bäume. Ich sah nach dem Nistkasten, in dem ich in der Woche zuvor die Meise hatte verschwinden sehen. Ich

nahm den Deckel ab: Der Kasten war fast bis zum Rand mit Flaum gefüllt. Als ich ihn beiseiteschob, kamen zwei gesprenkelte Eier zum Vorschein. Das Weibchen hatte also gerade erst mit dem Legen begonnen; immer, wenn es morgens ein weiteres Ei gelegt hatte, bedeckte es das gesamte Gelege sorgfältig, bevor es tagsüber das Nest verließ. Die Baltimoretrupiale waren gerade zurückgekehrt und begannen bereits, aus den Fasern der Seidenpflanzenstängel vom letzten Jahr ihre hängenden Nester zu bauen, während ein Königstyrannenpaar versuchte, die Fasern für den Bau des eigenen Nests zu stibitzen. Sumpfschwalben schauten vorbei. Doch von den Schnäppertyrannen, die im Jahr zuvor hier genistet hatten, war noch immer keine Spur.

8. Mai 2010. Mittags fiel Schnee aus einem dunklen Himmel, und es war kalt (zwei bis drei Grad Celsius unter null). Nach zwei Schritten in Richtung Sommer folgte ein Schritt zurück in Richtung Winter. Sumpfschwalben waren keine mehr in Sicht: Sie fanden im Flug an einem Tag wie diesem keine Nahrung.

11. Mai 2010. Bei Anbruch des Tages war es immer noch fast minus vier Grad Celsius kalt, doch dann zeigte sich die Sonne am strahlend blauen Himmel und erwärmte rasch die Luft. Einige der frostempfindlichen Blätter waren abgestorben. Die der Birke, des Ahorns und der Kirsche würden sich erholen. Die Schwalben waren wieder da, das Nest der Baltimoretrupiale war fast fertig. Ich freute mich, den Phoebetyrannen zu seinem Nest fliegen zu sehen. Als ich an den Nistkasten klopfte und den Deckel hob, flog die brütende Meise heraus – in dem wärmenden und schützenden Flaum lagen in einer wunderschönen, winzigen, tiefen, runden Mulde sicher verborgen sechs Eier. Das Gelege war nun vollständig, und sowohl Volumen als auch Gewicht der Eier überstiegen die Größe des Vogels, der sie gelegt hatte.

17. Mai 2010. Endlich! Ich hörte die widerhallenden Rufe der Schnäppertyrannen und beobachtete ein Paar dabei, wie es das Vogelhaus untersuchte, das ich aus dem hohlen Stamm der Spätblühenden Traubenkirsche gebaut hatte. Einer der Vögel flog hinein, während sich der andere auf einen Apfelbaum in der Nähe setzte und laut rief.

Von dem Zeitpunkt an bis zum 19. Juni war ich zwar täglich am Nistkasten der Schnäppertyrannen, erwähnte sie auf den dreiundfünfzig Seiten der dicht gedrängten Notizen über die fünf Nester in der Nähe – neben dem der Schnäppertyrannen das Sumpfschwalben-, das Phoebetyrannen-, das Baltimoretrupial- und das Meisennest – aber kaum. Nur am 27. Mai findet sich ein Eintrag: Ich hielt fest, dass der brütende Schnäppertyrann warnend oder alarmiert mit dem Schnabel nach mir hackte, als ich mich am Nistkasten zu schaffen machte, und dann davonflog. Am 19. Juni erwähnte ich lediglich, dass die Schnäppertyrannen gut sichtbar am Einflugloch saßen und ganz gelassen reagierten, als ich den Nistkasten öffnete. Darin hockten die nun bereits teilweise befiederten Jungen. Auch sie hackten warnend nach mir, wobei mir auffiel, dass ihre Münder an den Seiten weiß und nicht gelb wie bei den meisten Vögeln waren. In den darauffolgenden drei Tagen allerdings füllte ich ganze zwanzig Seiten mit meinen Notizen über die Vögel.

Meine Schnäppertyrannengeschichte beginnt am Morgen des 20. Juni. Als ich gegen halb acht mit meinem üblichen Gefolge – zwei Hunden, zwei Kanadagansgösseln und einem Hahn – zu meinem täglichen Vogelbeobachtungsmorgenspaziergang aufbrach, sah ich die beiden Schnäppertyrannen zwischen den Baumwipfeln hin und her fliegen. Sie hielten Abstand zueinander und flogen langsam mit absichtlich flachen Flügelschlägen und leicht erhobenem Schwanz, als diente er als Bremse. Das Ganze sah nach einem Balzflug aus, zumindest herrschte ein ziemlicher Trubel. Doch am Nest konnte ich nichts Außergewöhnliches erkennen. Schnäppertyrannen sind in der Nähe des Nests ohnehin recht laut, aber dieser Lärm war irgendwie anders. Warum? Was war da los?

Ich machte es mir im Gras bequem und richtete mich auf eine längere Beobachtungszeit ein. Die Hunde und die Gänseküken legten sich neben mich, der Zwerghahn scharrte in einem nahe gelegenen Himbeergestrüpp. Ich zog ein gefaltetes Blatt Papier aus meiner Gesäßtasche und begann, Notizen daraufzukritzeln, die ich später bei einer Tasse Kaffee am Küchentisch ins Reine bringen wollte.

Die Aufregung bei den Schnäppertyrannen war schon seltsam genug, doch schon bald bemerkte ich etwas noch Überraschenderes: Einer der

Vögel folgte oft dem anderen. So spät im Brutzyklus trifft man das Paar selten gemeinsam an; meist suchen die beiden Vögel unabhängig voneinander im Wald nach Nahrung für die Jungen, statt sich in der Nähe des Nests miteinander zu beschäftigen. War da möglicherweise, so wie ich kurz glaubte gesehen zu haben, ein *dritter* Vogel? Das stand tatsächlich kurz darauf außer Frage: Ich hatte es hier mit drei Schnäppertyrannen zu tun. Waren die Jungen etwa über Nacht flügge geworden? Das schien mir zwar wenig wahrscheinlich, doch muss man in der Wissenschaft die am wenigsten wahrscheinliche Möglichkeit immer als erste ausschließen. Also holte ich meine Trittleiter und kletterte sie wie schon mehrmals zuvor hinauf, um in den Nistkasten zu spähen. Und wie ich es eigentlich auch erwartet hatte, waren die fünf Jungen noch da. Wieder drückten sie sich ins Nest, und wieder schnappte eines von ihnen mit dem Schnabel nach meinem Finger. Die drei adulten Vögel, die sich mindestens eine halbe Stunde lang gegenseitig nicht aus den Augen gelassen hatten, ignorierten mich.

Eine Stunde später begannen die Elternvögel dann doch damit, Futter an den Nistkasten zu bringen. Allerdings verhielten sie sich auch hier irgendwie seltsam: Kam ein Vogel mit einem Insekt im Schnabel heran, setzte er sich erst einmal minutenlang auf eine Ranke neben dem Nistkasten und sah sich in alle Richtungen um, bevor er schließlich ins Nest schlüpfte und die Nahrung übergab.

Das Notizenmachen fiel mir nach drei fast ganzen Tagen der kontinuierlichen Beobachtung zunehmend schwerer, doch brauchte ich so viele Informationen wie möglich, weil ich immer noch nicht wusste, was da eigentlich vor sich ging und deshalb auch nicht einschätzen konnte, was wichtig war und was nicht. Der Prozess des Datensammelns, des Schlussfolgerungenziehens und Hypothesenvergleichens, der notwendig ist, um ein Rätsel zu lösen, ist selten vorhersehbar und verläuft fast nie ohne Umwege. Wenn man Glück hat, wird irgendwann ein Muster sichtbar, aufgrund dessen eine von mehreren Hypothesen dann plötzlich mehr Sinn ergibt als die anderen. So wurde auch mir schließlich klar, dass einige der Informationen, die ich gesammelt hatte, für eine ganz bestimmte Hypothese relevant waren. Meine erste Schlussfolgerung bestand darin, dass die Aufregung bei den Vögeln dem unvorhergesehenen Auftauchen einer dritten Partei geschuldet war, einem weiteren Schnäppertyrannen. Doch *warum* war er aufgetaucht und warum blieb er? Wollte er die Nisthöhle für sich beanspruchen? Das wiederum ergab keinen Sinn: Was würde ihm ein Nistplatz so spät in der Brutsaison nützen? Und wenn der Vogel ein Eindringling wäre, würde ihn das nistende Paar mit Sicherheit attackieren – doch Angriffe hatte ich nie beobachtet. Allmählich traute ich meinen Augen nicht mehr: Gab es diesen dritten Vogel, der ebenfalls am Nest interessiert war, wirklich? Vielleicht hatte auch ihn nur der Lärm angelockt, oder etwas anderes, beispielsweise die Rotflügelstärlinge, die sich kurz davor auf einer Wiese versammelt hatten. Diese hatten ihre Aufmerksamkeit allerdings auf den Boden gerichtet, und das aus gutem Grund. Als ich nachsah, um herauszufinden, was sie so beschäftigte, lief mir ein Nerz im dicken Gras beinahe über die Füße. Dieses Rätsel hatte ich also in wenigen Sekunden gelöst. Darüber hinaus war mir ein gemischter Schwarm aus Wanderdrosseln, Zedernseidenschwänzen, Königstyrannen und Katzendrosseln aufgefallen. Sie jagten einem Blauhäher hinterher, den sie dabei erwischt hatten, wie er ein Wanderdrosselnest in der Birke direkt vor mir plündern wollte. In den genannten Fällen war der Grund für die Aufregung offensichtlich. Doch für das ungewöhnliche Verhalten der Schnäppertyrannen konnte ich einfach keinen Grund erkennen – nichts ergab Sinn. Mittlerweile war ich jedoch davon überzeugt, dass es sich tatsächlich um drei Vögel handelte, vielleicht auch um mehr, denn auseinanderhalten konnte ich sie nicht.

Die Elternvögel, die immer wieder ans Nest kamen und wieder fortflogen, um Insekten für den Nachwuchs zu jagen, brachten in erster Linie Libellen als Nahrung mit, und zwar von mindestens drei verschiedenen Spezies. An diesem Nachmittag brachten sie fünf Libellen in drei Stunden. Ich hatte den Eindruck, dass sie nun weniger häufig ans Nest kamen. Eindrücke aber zählen nicht – Zahlen tun es.

Am nächsten Morgen war ich schon um fünf Uhr unterwegs, um die Schnäppertyrannen zu beobachten, und sah das Paar auch gleich. Doch eine halbe Stunde später kam ein zweites *Paar* herangeflogen, und kurz darauf jagten die Vögel einander, wobei ich schrille, stakkatoähnliche Rufe heraushörte, die ich davor noch nicht gehört hatte. Die Vögel gingen aufs Ganze, aber leicht zu vertreiben waren die Eindringlinge nicht. Einmal verhakten sich zwei der Vögel im Flug ineinander, stürzten gemeinsam ab und landeten in einem Goldrutendickicht. Nun riefen die Schnäppertyrannen nicht mehr nur aus den Baumwipfeln, jetzt fochten sie aus, was sich anscheinend schon länger angebahnt hatte. Doch worum ging es bei diesem Streit? Wollte das zweite Paar die Jungen des ersten Paars töten und den Nistkasten übernehmen?

Um drei Minuten nach acht erwartete mich eine weitere Überraschung. Ein Schnäppertyrann kam mit einer Libelle im Schnabel herangeflogen, hockte sich an den Nistkasten und rief. Darauf antwortete ein zweiter Vogel aus der Krone eines benachbarten Baums. Der erste Vogel schlüpfte in den Nistkasten, tauchte ohne die Libelle wieder auf und rief erneut. Anschließend flogen die beiden Vögel gemeinsam davon. Etwa eine Minute lang herrschte absolute Stille. Plötzlich flog ein einzelner, nicht rufender Vogel, der etwas im Schnabel hatte, heran. Auch er landete neben dem Nistkasten und zögerte zunächst, und während ich noch versuchte, seine Beute – ein Käfer? – zu identifizieren, flog er wieder weg, noch immer still, ohne in den Nistkasten geschlüpft zu sein. Gerade als er in niedrigen Sträuchern verschwand, tauchten zwei weitere adulte Vögel wie aus dem Nichts auf. Sie hatten keine Nahrung bei sich, riefen aber laut. Ich hatte den Eindruck, als sei der vorherige Vogel vor ihnen geflohen. Versuchte das Paar, einen Vogel zu vertreiben, der gekommen war, um ihm bei der Aufzucht der Jungen zu helfen? Der sich als Nesthelfer anbot? Eine absurde Vorstellung! Nichtsdestotrotz ließen meine nachfolgenden Beobachtungen schließlich keinen Zweifel daran, dass einer oder beide der Neuankömmlinge nicht nur versuchten, die Jungen der anderen zu füttern, sondern es auch schafften.

Das ansässige Paar blieb in der Regel zusammen: Einer der Vögel saß hoch oben in einem Baum und rief, während der andere im Wald und im Sumpf nach Beute jagte. Wann immer der eine mit Nahrung zurückkehrte, blieb der andere sitzen und rief; dann setzte sich der erste Vogel auf die Ranke vor dem Nistkasten, rief und schlüpfte mitsamt Nahrung hinein. Dabei blieb das Paar ständig stimmlich in Kontakt. Nach dem Füttern der Jungen flogen beide Vögel gemeinsam davon. Meist erschien bald darauf ein einzelner Schnäppertyrann mit einem Insekt im Schnabel, schlüpfte rasch in den Nistkasten, kam ohne Nahrung wieder heraus und verschwand ebenfalls – all das aber in völliger Stille. Nur einen weiteren Schnäppertyrann konnte ich aus der Ferne rufen hören.

Das zweite Schnäppertyrannenpaar – es waren entgegen meiner ersten Annahme doch zwei Vögel – erschien meist dann, wenn es still am Nest war. Hin und wieder überlappten sich die Besuche der beiden Paare, was wilde Verfolgungsflüge nach sich zog. Diese ließen an Heftigkeit jedoch allmählich nach; man schien zu einer Übereinkunft gelangt zu sein, die in erster Linie wohl darin bestand, einander möglichst aus dem Weg zu gehen. Die Nettobeute pro Stunde stieg von nur einem Insekt am ersten Morgen bis auf acht, zwölf, sieben, vierzehn und zu guter Letzt achtzehn an den darauffolgenden Tagen.

Am dritten Tag konnte ich anhand des Verhaltens das eigentliche Elternpaar von dem anderen unterscheiden; nun hatten die Verfolgungsjagden ganz aufgehört. Das Weibchen des zweiten Paars hatte sich zum richtigen Nesthelfer gemausert, wohingegen sich sein Partner eher zurückhielt. Von den achtzehn Insekten, die an einem Tag ans Nest gebracht wurden, hatte dieses Weibchen zehn herbeigeschafft. Vielleicht tolerierten die eigentlichen Eltern die Helferin inzwischen, weil sie sich als ausgesprochen nützlich erwiesen hatte, vielleicht – und das ist in meinen Augen wahrscheinlicher – hatten sie sich aber auch einfach nur an sie gewöhnt.

Wie es nicht selten der Fall ist, führte die Beantwortung einer Frage gleich zur nächsten. Diese Frage lag auf der Hand: Warum war das zweite Paar gekommen, um bei der Aufzucht der Jungen eines anderen Paars zu helfen? Wir können basierend auf dem, was wir generell über Vögel wissen, nur begründete Vermutungen anstellen, und meine Vermutung lautete, dass es sich bei dem zweiten Paar um Nachbarn handelte, deren Nest zerstört worden war und die ihre Elterninstinkte nun an fremden Jungen auslebten. Die Elternvögel wiederum hatten das Interesse am Nest zunächst als Übergriff gedeutet, sich an die Helfer schließlich aber gewöhnt – oder das zweite Paar hatte sich dem Nest im Laufe der Zeit geschickter genähert. Allerdings brachten weitere und beinahe zufällige Beobachtungen nach dem Flüggewerden der Jungen am 23. Juni noch eine dritte Möglichkeit ins Spiel.

Nun, da die Jungen weg waren, konnte ich das Nest näher unter die Lupe nehmen. Es war sauber, also musste der Kot immer umgehend abtransportiert worden sein. Einer Laune folgend zog ich das leere Nest aus dem Nistkasten, um herauszufinden, woraus es bestand. Zu meiner Überraschung war es fast ausschließlich aus den langen, trockenen, von der Weymouth-Kiefer abgeworfenen Nadeln gebaut. Und noch seltsamer: Unter der obersten Schicht lag ein völlig intaktes Schnäppertyrannenei. Das ist deswegen seltsam, weil Vögel ihre Eier normalerweise nicht verstecken – es sei denn, sie müssen das Nest für längere Zeit verlassen. Als ich das Ei in eine Schüssel mit Wasser legte, schwamm es an der Oberfläche; es war also entweder verdorben oder bebrütet. Ich öffnete es und fand ein wenig noch immer intaktes Eigelb, aber keine Blutgefäße. Demzufolge war das Ei Ersteres: verdorben, nicht bebrütet.

Hinsichtlich des Rätsels der geteilten Nestpflichten interessierte mich das verworfene Ei sehr: Vielleicht gehörte es einem anderen Paar als dem, das die Jungen großgezogen hatte? Vielleicht hatten die Helfer den Nistkasten als Erste besetzt, ein Ei gelegt und das Nest dann verlassen, als das zweite Paar erschienen war? Anschließend hatten die neuen Bewohner mit dem Bau eines eigenen Nests begonnen, unabhängig davon, was schon vorhanden gewesen war und was nicht. Und das bereits vorhandene Ei hatten sie als solches ignoriert und einfach mit Nistmaterial bedeckt. Das vertriebene Paar hatte nun ohne Nest dagestanden – insbesondere passende Nisthöhlen sind rar – und deshalb auch keine Chance auf ein zweites Gelege gehabt. Vielleicht wollte es nach dem alten Nest sehen und hatte darin statt des Eis bereits fertige Küken vorgefunden.

Am Tag, nachdem die Jungen flügge geworden waren, riefen die adulten Vögel nicht mehr in der Nähe des Nistkastens; nur noch aus der Ferne konnte ich manchmal sowohl ihre Rufe als auch die Bettelrufe der Jungen hören. Fünf Tage später jedoch, am Vormittag des 28. Juni, um neun Uhr fünfunddreißig, tauchten wieder zwei ausgewachsene Schnäppertyrannen auf. Der eine jagte den anderen mindestens eine halbe Stunde lang und gab dabei abgehackte, rasselnde Rufe von sich. Doch der verfolgte Vogel wollte partout nicht verschwinden.

Die Versuche der Elternvögel, die Eindringlinge davon abzuhalten, für die Jungen zu sorgen, lassen sich am schlüssigsten mit der evolutionär entstandenen Strategie der Vögel erklären, Brutparasitismus weitestgehend entgegenzuwirken. Die anderen beiden Vögel waren vermutlich durch den starken Füttertrieb motiviert. Dabei folgten beide Paare ihren einprogrammierten Vorgehensweisen, die aufgrund der veränderten Umstände aber nicht funktionierten. Eine Freundin von mir hat mir einmal von etwas ganz Ähnlichem berichtet: Ein Hausgimpelpaar *(Carpodacus mexicanus)*, das in einer Nische auf ihrer Veranda genistet hatte, hatte das Nest voller Jungvögel gehabt, die ein Spatzenpaar *(Passer domesticus)* nicht nur gefüttert, sondern auch hygienisch versorgt hatte. Die Vögel hatten den Kot der Jungen entfernt, den Hausgimpel normalerweise lassen, wo er ist. Das Verhalten scheint auf den ersten Blick seltsam, weil Spatzen andere Vögel an ihren Nistplätzen in der Regel auf das Heftigste bekämpfen und deren Eier sowie Küken aus dem Nest werfen, um dann selbst Eier zu legen und eigene Junge im Nest des »Vormieters« aufzuziehen. Warum hatten sie das hier nicht auch getan und sich stattdessen ausgesprochen altruistisch verhalten?

Die wahrscheinlichste Antwort darauf trifft auf die Spatzen wie auf die Schnäppertyrannen gleichermaßen zu: Sie folgten ihren Elterninstinkten, nachdem sie das eigene Nest und die eigenen Küken verloren hatten. Diese Instinkte sind so stark, dass sie auch fehlgeleitet werden können: So kann es vorkommen, dass ein kleiner Waldsänger einen schmarotzerischen Kuckucksnestling füttert, der vielfach größer als er selbst ist und nicht im Geringsten einem Waldsängerjungen ähnelt.

14

Rückkehr der Rotflügelstärlinge

Wenn wir an Rotflügelstärlinge denken, denken wir oft zuerst an kämpfende Männchen, Dominanz- und Revierverhalten, Polygamie, Haremsbildung und Weibchen, die nur die Ressourcen beziehungsweise die Männchen im Kopf haben, die über diese Ressourcen verfügen. Darüber hinaus lassen wir uns von dem prächtigen Äußeren des häufig gesehenen Vogels aber auch gern beeindrucken. Im Nordosten Amerikas ist der Rotflügelstärling einer der ersten Vögel, die im Frühjahr aus ihren Winterquartieren zurückkehren, ich selbst habe in der Nähe eines Bibersumpfs in Vermont Jahr um Jahr ungeduldig auf ihre Rückkehr gewartet. Meist tauchen die Männchen ganz plötzlich auf, an sonnigen Tagen in der ersten Märzwoche, wenn der Schnee allmählich zu schmelzen beginnt.

Auch Anfang März 2011 erwartete ich die männlichen Rotflügelstärlinge am Bibersumpf in der Nähe unseres Hauses jeden Augenblick zurück, sah im Morgengrauen des 7. März jedoch zwei Männchen in einer Fichte vor dem Fenster meines Arbeitszimmers sitzen. Draußen tobte ein Whiteout-Schneesturm, und binnen Minuten pickten die Vögel Sonnenblumenkerne an der Futterstation auf, die im Winter nur von Meisen, Kleibern und Blauhähern besucht worden war.

Die männlichen Rotflügelstärlinge kehren jedes Frühjahr in einer Gruppe zurück, meist mindestens einen Monat vor den Weibchen. In den vorangegangenen Jahren hatten sich die Männchen ebenfalls von Sonnenblumenkernen ernährt und waren zwischen Sumpf und Futterstation hin und her geflogen; Weibchen hingegen hatte ich an der Futterstation nie gesehen. Doch die beiden Rotflügelstärlinge vor meinem Fenster flogen nicht zum Sumpf: Sie pendelten lediglich zwischen der Rot-Fichte am Haus und dem schneebedeckten Boden unter der Futterstation hin und her. In der Fichte saßen sie unter einem Ast, der auch dick mit Schnee bedeckt war und ihnen so als eine Art Dach diente – ein malerisches Bild, das mich dazu inspirierte, die Vögel zu beobachten und als Skizze auf Papier festzuhalten. Sie machten sich als Zeichenmodelle denn auch ausgezeichnet: Sie waren den ganzen Tag für mich da und trugen ihren feinsten Sonntagsstaat, ihr Brutkleid. Im Gegensatz zum so gern gezeichneten typischen Gefieder des männlichen Rotflügelstärlings war an den Federn dieser beiden Vögel jedoch nicht die geringste Spur des leuchtenden Rots zu erkennen. Sie versteckten ihre namensgebenden roten Flügelflecken unter den schwarzen Schwungfedern, nur der hell-gelbliche Rand der Flecken war noch sichtbar.

Die beiden Vögel blieben den ganzen Tag stumm, während es um sie herum ununterbrochen schneite. Hin und wieder flogen sie von ihrem geschützten Platz unter dem Fichtenast zur Futterstation, bevor sie sich wieder aufgeplustert dicht nebeneinander in den Baum setzten. Manchmal wippten sie mit dem Schwanz oder streckten zuerst den einen, dann den anderen Flügel. Flog einer zum Boden hinab, folgte der andere ihm auf dem Fuße; flog einer wieder nach oben, kam der andere sofort hinterher und setzte sich neben ihn. Sie blieben wie gesagt den ganzen Tag, bis sie schließlich etwa eine Stunde vor der Abenddämmerung gemeinsam davonflogen.

In dieser Woche fielen die Temperaturen nachts auf annähernd minus achtzehn Grad Celsius, und erst am Abend des 13. März sah ich endlich eine Schar von rund dreißig männlichen Rotflügelstärlingen in einem Baum einige Kilometer von unserem Haus entfernt. Am nächsten Morgen tauchten sie in dem Feuchtgebiet auf und ließen wieder und wieder ihre jodelnden Rufe erklingen, ihr fröhlich trillerndes *Ug-la-jee,* mit dem sie ihre Revieransprüche geltend machen. Zu dieser Zeit hatte es schon mehrere Tage lang getaut, im Wald allerdings lag noch eine fast ein Meter dicke Schneedecke. Die Krähen krächzten und flogen in Gruppen gen Norden.

Ende März hatten die männlichen Rotflügelstärlinge in unserem Feuchtgebiet in Vermont längst ihr Revier in Besitz genommen, während sie andernorts noch unterwegs waren. Am 26. März fuhr ich gerade in östlicher Richtung nach Maine, als ich in der Nähe des Mount Washington auf eine Schar von etwa zwanzig Männchen stieß, an einer Stelle, die überall von schier endlosen Wäldern umgeben ist. Die Rotflügelstärlinge überquerten die Straße vor mir und mussten sich dabei gegen einen heftigen Nordwestwind stemmen. Ihre Entschlossenheit, dem Wind zu trotzen und gemeinsam zu einem offensichtlich verabredeten Treffpunkt zu fliegen – höchstwahrscheinlich ein Feuchtgebiet, in dem sie nisten konnten –, zeugte eher von Einvernehmen als von aggressiver Rivalität. Wie hatten diese Vögel sich getroffen und zu einer Schar zusammengeschlossen? Angesichts der beiden Männchen, die ich erst vor Kurzem beobachtet hatte und die sich wie enge Freunde verhalten hatten, und in Anbetracht meiner früheren Rotflügelstärlingbeobachtungen schien es durchaus im Bereich des Möglichen zu liegen, dass diese rund zwanzig Individuen eine *Gemeinschaft* von Vögeln bildeten. Vielleicht kehrten sie zu einem gemeinsamen Heimatgebiet zurück, das sie sich auch in diesem Jahr wieder teilen wollten. Doch wenn dem so war, wie passte es dann zu der klassischen Geschichte des rücksichtslosen Dominanz- und Revierverhaltens männlicher Rotflügelstärlinge?

Der Rotflügelstärling ist eng mit den Grackeln und Pirolen verwandt. Er gehört der Familie der *Icteridae* (Stärlinge) an und zählt zu den geselligsten Singvögeln überhaupt. Das soziale Verhalten dieser Tiere ist Teil ihres genetischen Erbes. In unserem Bibersumpf kommen die Purpur-Grackeln als Schar an und bleiben anschließend auch als solche zusammen; oft nisten sie relativ nah beieinander und versammeln sich im Herbst zu riesigen Schwärmen, die wie eine einzige gigantische Welle über den Wald hereinbrechen. Außerhalb der Brutsaison tun sich unterschiedliche Arten von Stärlingen zu »Schlafgemeinschaften« zusammen, die mehrere Tausend einzelne Vögel umfassen, und einige Stärlinge, beispielsweise die Stirnvögel, die durch verschiedene Gattungen süd- und mittelamerikanischer Stärlinge vertreten sind, nisten auch in Kolonien.

Lange nachdem ich eigene Beobachtungen gemacht hatte, stieß ich auf zwei Monografien über Stärlinge. Die erste, von Gordon H. Orians von der University of Washington, stammt aus dem Jahr 1980; damals bestand die wissenschaftliche Literatur zum Thema aus rund hundertsiebzig Einzelwerken. Die zweite Monografie, ein 1995 von William A. Searcy von der University of Miami und Ken Yasukawa vom Beloit College verfasster Bericht, dreht sich fast ausschließlich um Rotflügelstärlinge *(Agelaius*

Ein männlicher Rotflügelstärling präsentiert seine namensgebenden roten Flügelflecken.

phoeniceus) und enthält eine Liste von bereits vierhundertvierzig wissenschaftlichen Publikationen. Dazu die Autoren: »Das Verhalten von Rotflügelstärlingen in freier Wildbahn ist so eingehend wie das kaum eines anderen Vogels auf der Welt untersucht worden.«

Der Grund für diese Fülle an Untersuchungen ist nicht schwer zu erraten: Der Rotflügelstärling ist in Amerika einer der am weitesten verbreiteten Vögel überhaupt, und da er offene Habitate wie Rohrkolbenmarschen und feuchte Felder bevorzugt, ist er auch häufig zu sehen. Die Vögel bevölkern fast den gesamten nordamerikanischen Kontinent von Alaska bis nach Mittelamerika und vom Atlantik bis zum Pazifik. So hat aufgrund der weiten Verbreitung und des unverwechselbaren Gefieders der Tiere beinahe jeder schon einmal einen Rotflügelstärling gesehen.

Diese älteren Publikationen mit ihren Anekdoten und Beobachtungen, die sich nicht auf aktuelle theoretische Fragen zu den Tieren konzentrieren, machten das, was ich gesehen hatte, interessant – zumindest für mich.

Während der Brutsaison verhalten sich die Männchen der Rotflügelstärlinge den Monografien zufolge »strikt territorial« (Orians) oder »klassisch territorial« (Searcy und Yasukawa). Sie lassen sich vorzugsweise in Rohrkolbenmarschen nieder, wo sie »mehr oder weniger exklusive« Gebiete beanspruchen, das heißt keinem anderen Männchen den Zutritt gewähren. Rotflügelstärlinge gehören zu den wenigen Singvogelarten, die polygyn leben, bei denen sich also mehrere Weibchen dasselbe Männchen teilen oder, konventioneller formuliert, »ein Männchen mehr als ein Weibchen hat«. Im Gegensatz dazu lebt die Mehrheit der Vögel monogam. Das Weibchen wählt seinen Partner indirekt, indem es das Revier wählt, das dieses Männchen beansprucht. Die Weibchen paaren sich aber auch mit den Männchen anderer Reviere, nie jedoch mit Männchen, die über kein Revier verfügen. Die Männchen bauen weder Nester noch bebrüten sie die Eier; auch um das Füttern der Jungen kümmern sie sich größtenteils nicht. Allerdings verteidigen sie ihr Revier, und zwar auf das Heftigste. Wie Searcy und Yasukawa es formulieren, sind diejenigen, die das Brutverhalten des Rotflügelstärlings studieren, »unweigerlich vertraut damit, wie es sich anfühlt, wenn sich der Vogel im Sturzflug auf den Hinterkopf des Beobachtenden fallen lässt«. Ich selbst habe das nie erlebt, andererseits aber auch nicht das Revierverhalten von Rotflügelstärlingen studiert, wenngleich ich mich oft im Revier der Vögel aufgehalten habe.

Auch im Experiment ist das Revierverhalten von Rotflügelstärlingen untersucht worden, mithilfe von Präparaten der männlichen Tiere, die man in einem von Rotflügelstärlingen besetzten Feuchtgebiet aufstellte. Mit eindrucksvollen Ergebnissen: Die Revierinhaber griffen die Attrappen an, zerrissen sie regelrecht, hackten ihnen sogar die Augen aus. Das stimmte zwar mit dem klassischen Bild vom Verhalten der Tiere überein, warf für mich, der ich in meinem Sumpf in Vermont ganz anderes beobachtet hatte, aber einige Fragen auf. Anscheinend ist auch hier wie fast immer der Kontext wichtig, wenn nicht ausschlaggebend. Mir jedoch kam es immer noch höchst seltsam vor, dass männliche Rotflügelstärlinge, die in kleinen Gruppen zu ihren Heimatsümpfen zurückkehren und sich dabei offensichtlich gegenseitig tolerieren, nach der Rückkehr zu erbitterten Feinden werden sollen. In den Tagen nach ihrer Rückkehr verbreiteten sie sich zwar über das gesamte Sumpfgebiet, am Abend aber suchten sie gemeinsam ihren Schlafplatz auf. Tagsüber saßen sie auf Sträuchern oder Rohrkolben, manchmal nur wenige Meter voneinander entfernt, sangen und präsentierten die roten Flügelflecken; abgesehen von dieser unmittelbaren Nähe konnte ich jedoch keine Interaktionen beobachten.

Die weiblichen Rotflügelstärlinge kehren frühestens einen Monat nach den Männchen aus ihren Winterquartieren zurück. Mit ihrem schwarzbraunen Gefieder sind sie gut getarnt und deshalb leicht zu übersehen – zumindest für uns, für die Männchen sicherlich nicht. Ich habe schon oft weibliche Rotflügelstärlinge gesehen, denen jeweils vier bis sechs Männchen hinterhergeflogen sind. Die intensive Verfolgung und die nicht weniger intensiven Ausweichmanöver der Verfolgten wirkten auf den ersten Blick recht aggressiv, endeten aber nie so. Dem klassischen Bild zufolge, das wir von der Spezies haben, war das Weibchen vielleicht gerade »shoppen« und hat sich die besetzten Reviere angesehen, um sich anschließend dasjenige mit den besten Ressourcen auszusuchen. Mit dem Inhaber dieses Reviers gründet das Weibchen dann eine Familie. Nicht ohne sich vorher umwerben zu lassen natürlich: Vielleicht bietet das Männchen dem Weibchen Futter an, um mit den oben genannten Ressourcen zu punkten und die potenzielle Partnerin zum Bleiben zu verlocken. Meine Beobachtungen allerdings passten nicht zu diesem klassischen Bild. Diese Weibchen erweckten den Eindruck, als wollten sie so schnell wie möglich entkommen und sich in der dichten, niedrigen Vegetation verstecken.

Hatte die Verfolgung der Neuankömmlinge etwas mit der Paarung zu tun? Möglicherweise, doch ich hatte am Ende der Verfolgungsjagden weder Kopulationen noch Kämpfe beobachtet. Vermutlich hielten die Weibchen nach Revieren Ausschau, in denen sie sich niederlassen konnten, und wenn sie sich für eines entschieden hatten, paarte sich der Revierinhaber mit dem Weibchen. Aber dazu passte wiederum das Timing nicht: Vögel paaren sich normalerweise kurz vor dem Eierlegen, und das begann erst in drei bis fünf Wochen. Später konnte ich durchaus Paarungsakte beobachten, diesen gingen allerdings keine Verfolgungsjagden voraus. Hier war nichts so, wie es eigentlich zu erwarten gewesen wäre, weder das Revierverhalten der Männchen noch die Reaktionen der Weibchen auf die Männchen.

Abgesehen davon habe ich auch spektakuläre Verfolgungsjagden zwischen Männchen gesehen – jedoch nicht im März, als die Männchen in ihren Revieren ankamen, sondern Ende Mai, als die Eier gerade gelegt wurden oder gerade gelegt worden waren. Einige dieser Verfolgungsjagden fanden rund um den gesamten Sumpf statt. Der Theorie zufolge sichern sich die »fittesten« Männchen die besten Reviere, und so kommt es den Weibchen dementsprechend nicht nur auf den besten Standort zum Niederlassen, sondern indirekt auch auf die Eignung des Männchens an. Es zahlt sich für das Männchen also aus, andere Männchen zu bekämpfen und aus dem Revier zu vertreiben. Die Verfolgungsjagden, die ich beobachtet hatte, erstreckten sich allerdings über die Reviere mehrerer Männchen.

Die These der Revierverteidigung ergibt intuitiv Sinn und wird auch experimentell bestens gestützt. Als beispielsweise wie zuvor erwähnt Forscher einen Eindringling in Form einer Attrappe eines männlichen Rotflügelstärlings in einem Revier platzierten, wurde der vermeintliche Störenfried vom Revierinhaber angegriffen. Dies ist ein überzeugender Beweis für die These der Revierverteidigung, doch impliziert das Aufstellen einer Attrappe automatisch einen *unbekannten* potenziellen Rivalen, einen, den der Rotflügelstärling nicht als Nachbarn erkennt. Die Männchen in einem Feuchtgebiet halten meist mehrere Meter Abstand zueinander und scheinen einander keinerlei Aufmerksamkeit zu schenken – und ich spreche hier von territorialen Männchen, die mit ihren roten Flügelflecken angeben! Dass ich Ende Mai, als die Weibchen ihre Gelege vervollständigten, manchmal eine Gruppe Männchen sehen konnte, die ein anderes Männchen erbarmungslos verfolgten und es Hunderte von Metern weit in ferne Reviere am anderen Ende des Sumpfs vertrieben, weist auf eine Kooperation unter zumindest einigen benachbarten Rotflügelstärlingen hin.

Aus den Studienzusammenfassungen von Searcy und Yasukawa geht hervor, dass die Inhaber von Rotflügelstärlingsrevieren Jahr für Jahr zum selben Revier zurückkehren. Das erklärt vielleicht die fehlende Aggression unter den soeben zurückgekehrten Männchen, die ich beobachtet hatte: Die Vögel kannten sich möglicherweise und hatten die Reviergrenzen bereits festgelegt. Vielleicht waren sie Nachbarn, die außerhalb des heimischen Sumpfs zusammen gereist waren. Die Männchen, die aus dem Sumpf vertrieben wurden, könnten diejenigen sein, die noch kein Revier hatten, also völlig Fremde. Im Falle der Verfolgung von Weibchen hatte die Verfolgte den Sumpf jedoch nie verlassen, sondern stattdessen versucht, sich in der niedrigen Vegetation zu verstecken. Die Gründe für diese Verfolgungsjagden lagen noch immer im Dunkeln.

***

Es mag ironisch klingen, doch besteht in Zeiten der zunehmenden Konkurrenz eine der Standardlösungen der Evolution in zunehmender Kooperation. Dafür sind wir Menschen das beste Beispiel. In jeder Gruppe und in jeder zwischenmenschlichen Beziehung kommt es gelegentlich zu Streitigkeiten, allerdings eint sie kaum etwas so sehr wie eine gemeinsame Bedrohung – angesichts dieser erscheinen Differenzen weniger wichtig und sind schnell beigelegt. Ein wichtiger Faktor, der die Kooperation möglich macht, ist der, dass die Beteiligten einander kennen oder zumindest wissen, dass sie ein identifizierendes Merkmal gemeinsam haben; bei Kolonien bestimmter staatenbildender Insekten ist dies beispielsweise ein spezifischer Geruch. Rotflügelstärlinge können sogar zwischen einzelnen Menschen unterscheiden, wie Forscher herausfanden, als die Vögel immer wieder diejenigen Wissenschaftler angriffen, die die Nester der Tiere »geplündert« hatten (um die Jungen zu beringen).

Ich fand viele der Nester in unserem Bibersumpf später vorzeitig leer vor. Die Plünderer hatte ich für gewöhnlich nicht gesehen, die Rotflügelstärlinge aber schon. Und als sie sie identifiziert hatten, flogen sie immer wieder aus dem Sumpf auf, um Raben, Krähen und vorüberfliegende Blauhäher anzugreifen, alles in allem Vögel, die dafür bekannt sind, dass sie die Eier und Jungen anderer Vögel fressen. Bedrohen Menschen die Jungen der Rotflügelstärlinge, erfahren sie dieselbe Behandlung.

Ich konnte Kooperation unter den männlichen Rotflügelstärlingen häufiger beobachten. Am Abend des 8. Juni 2007 wurde ich von zwei Ottern überrascht, die in unserem Biberteich miteinander spielten. Am nächsten Morgen waren sie im Sumpf neben dem Teich, wo eine ganze Schar von Rotflügelstärlingen und Grackeln – beide hatten die Nester in den Rohrkolben voller Eier und Junge – lautstark auf sie hasste. Die gemischte Schar bewegte sich immer weiter über den Sumpf und hielt mit den Ottern unter ihr Schritt. Fast alle oder tatsächlich alle männlichen Rotflügelstärlinge aus dem Feuchtgebiet hatten sich hier, auf vielleicht einem Dutzend Quadratmetern, versammelt, und gemeinsam mit den Grackeln schimpften sie nicht nur laut, sondern griffen im Sturzflug auch abwechselnd die Otter an, womit sie gleichzeitig andere warnten, dass die Eindringlinge eine potenzielle Bedrohung darstellten. Ein anderes Mal wurde ich Zeuge, wie die Vögel auf einen Nerz hassten. Letzteren verlor ich hin und wieder zwar aus den Augen, da er manchmal durch die Vegetation verdeckt war, doch konnte ich ihm anhand seiner Angreifer aus der Luft alles in allem mühelos durch den Sumpf folgen. Und kein einziges Mal sah ich dabei einen Rotflügelstärling einen anderen attackieren. Die »Betreten verboten«-Übereinkunft war angesichts einer gemeinsamen Bedrohung vorübergehend außer Kraft gesetzt worden. Das Verhalten der Vögel zeigt das, was die Verhaltensforscher das Dear-Enemy-Phänomen, das »Lieber-Feind-Phänomen«, nennen, bei dem sich die territorialen Bewohner eines Reviers gegenüber vertrauten Nachbarn weniger aggressiv verhalten als gegenüber Fremden.

15

Die Zeit der Phoebetyrannen

Als John James Audubon seiner zukünftigen Frau Lucy Bakewell in der Nähe von Mill Grove, Pennsylvania, den Hof machte, verliebten die beiden sich – in ein Paar Weißbauch-Phoebetyrannen, das in einer Höhle nistete. Sie beobachteten die relativ zutraulichen Vögel häufig, und über den Anblick der frisch gelegten Eier schrieb Audubon, dass dieser ihn »mehr erfreute als es ein Diamant derselben Größe hätte bewerkstelligen können« und dass er ihn »mit dem gleichen Erstaunen erfüllte wie die – ach! vergebliche – Frage nach dem Sinn all dessen, was auf Erden existiert«. Die Küken schlüpften und wuchsen, und Audubon schlang silberne Bänder um ihre Beine (vermutlich während Lucy die winzigen Vögel in ihren Händen hielt). Im nächsten Frühjahr (1803) kehrten zwei der markierten Vögel aus ihrem Winterquartier nach Mill Grove zurück, was Audubon zum ersten dokumentierten Vogelberinger Amerikas macht.

Zu Audubons Worten habe ich einen sehr persönlichen Bezug. Ebenso wie seine frühe Liebe zur Natur von Phoebetyrannen geprägt war – die Audubon statt der heute üblichen englischen Bezeichnung »eastern phoebe« noch »pewee flycatcher« nannte – ist auch meine Geschichte eng mit einem Tyrannen oder Schnäpper verwoben, dem Trauerschnäpper *(Ficedula hypoleuca):* Ein Trauerschnäpperpaar nistete in einem Vogelhaus an der Kate meiner Familie in der schleswig-holsteinischen Hahnheide, wo ich sechs Jahre meiner Kindheit verbrachte. Ich war von den Vögeln fasziniert; es war irgendwie tröstlich, sie in der Nähe zu wissen, beinahe als wohnten sie bei uns. Und als schließlich die hellblauen Eier im Nest lagen, riefen sie bei mir dieselben Emotionen hervor, wie Audubon sie beschrieben hat. Dann zogen wir nach Maine, wo ich mich mit einem Mal heimisch fühlte, als ich entdeckte, dass auch hier ähnliche Vögel – die Phoebetyrannen – nisteten. Damals kamen sie viel häufiger vor als noch zu Audubons Zeiten, eine Folge der steigenden Anzahl vom Menschen geschaffener Nistplätze.

Die Vögel ließen sich in unserer Scheune, in einem Nebengebäude und im Schuppen nieder. Viel später nisteten Phoebetyrannen auf unserem Haus in Vermont, und auch bei meiner Blockhütte in Maine gehören die Vögel noch heute gewissermaßen zum Inventar. Ich assoziiere die Tiere immer mit den Freuden des Frühlings und häuslicher Harmonie, und obwohl sie wissenschaftlich betrachtet nicht zur Kategorie der Singvögel gehören, erfreut mich ihr Gezwitscher mehr als das jedes Kanarienvogels.

Bei unserer Rückkehr in die Wälder von Maine am 21. April 2012 erwarteten wir, das (oder ein, denn es war nicht immer dasselbe) Paar Weißbauch-Phoebetyrannen in der Nähe seines Nests auf einem Baumstamm zwischen Fenster und Dach meiner ursprünglichen Hütte zu sehen; in dieser Hütte hatte ich zeitweise gewohnt, bis wir in die neue Hütte fünfzig Meter weiter weg zogen. Die Teiche waren noch immer von einer Eisschicht bedeckt, ebenso wie der steil ansteigende Pfad zur Hütte, der auch immer wieder von Schmelzwasser überschwemmt wurde. Wie in der Jahreszeit üblich war der Schnee im schattigen Wald morgens noch gefroren und fest genug, dass man darauf gehen konnte. Die Kronenwaldsänger waren gerade auf der Durchreise und besuchten die ersten blühenden Rot-Ahorn-Bäume, wahrscheinlich auf der Suche nach Nektar und kleinen Insekten. Die Graukopf-Vireos sangen bereits, die Sumpfschwalben balgten sich um den Nistkasten. Am Abend vollführte eine Waldschnepfe ihr Balzritual auf und über der Lichtung, und später war bei Mondschein das Trommeln eines Raufußhuhns zu hören.

Zu meiner großen Freude stellte ich fest, dass ein Phoebetyrannenpaar, für mich alte Freunde, wieder da war. Am nächsten Morgen saß einer der Vögel vor meinem Fenster, drehte den Kopf hin und her und wippte auf die für die Art typische Begrüßungsweise mit dem Schwanz. Ab und zu flog er auf den Boden, um ein Insekt zu jagen, und von dort weiter zu einer Birke oder einem Zucker-Ahorn, dessen Zweige meine Hütte streiften. Gelegentlich war ein leises *Tschiep* zu hören, doch nicht einmal das charakteristische laute und emphatische *Fii-bii* oder *Tschier-vriet*, die sich im Reviergesang der Männchen abwechseln. Höchstwahrscheinlich würden die Phoebetyrannen bald mit dem Nisten beginnen. Doch war das Wet-

Ein Phoebetyrann an seinem Nest, in dem vier Phoebetyranneneier und ein Kuhstärlingsei liegen.

ter in den darauffolgenden beiden Wochen kalt und feucht. Und da unter solchen Bedingungen kaum Insekten unterwegs sind, verstummten die Phoebetyrannen und viele andere Vögel oder flogen weg.

Die Nistaktivität wurde am 7. Mai wieder aufgenommen oder begann zu diesem Zeitpunkt erst. Die Sumpfschwalben waren eifrig damit beschäftigt, trockenes Gras zum Nistkasten zu schaffen, und das Phoebetyrannenpaar untersuchte seinen angestammten Nistplatz an der alten Blockhütte, der seit der Errichtung der Hütte siebenundzwanzig Jahre zuvor in jedem Frühjahr benutzt worden war. Darüber hinaus inspizierten die Phoebetyrannen aber auch den Kellerbereich der neuen Hütte. Mit dem eigentlichen

Nestbau hatten sie noch nicht begonnen, noch sahen sie sich verschiedene potenzielle Nistplätze mit großer Begeisterung ganz genau an.

Nach einem weiteren Erkundungsstreifzug unter die neue Hütte flog einer der Vögel plötzlich hoch in die Luft, stieg bis über den höchsten Ahornbaum am Rand der Lichtung hinaus auf und führte dort etwas auf, das wie die schlechte Imitation eines Waldschnepfenbalztanzes wirkte. Sofort danach begannen beide Vögel damit, Lehm auf ein kleines Regalbrett zu häufen, das ich an einem Balken im »Keller« der Hütte, also unter den Dielen, angebracht hatte. Wieder und wieder kam das Weibchen angeflogen, zuerst mit Lehm, dann mit Moos vom Rand meines mit Steinen ausgekleideten Brunnens rund hundert Meter hügelabwärts. Das Männchen begleitete seine Partnerin jedes Mal, schaffte selbst aber kein Nistmaterial herbei. Am 19. Mai war das Nest fertig, und zwei Tage später fanden sich zwei Eier darin. Seltsamerweise untersuchte ein Phoebetyrann noch immer den Bereich unter dem Dachgesims der alten Hütte, als suchte er weiter nach potenziellen Nistplätzen. Die Spezies verhält sich recht territorial: Zwei Paare würde es so nah beieinander auf keinen Fall geben. Ich beobachtete weiter – doch es wurde immer mysteriöser.

Ich hatte das Paar beim Nestbau und Legen der Eier genau beobachten können, da sich die Öffnung zum Keller praktischerweise genau unterhalb meines Fensters befand und die Vögel oft ganz in der Nähe auf den noch kahlen Ästen der rund drei Meter entfernten Papier-Birke saßen oder auf den welken Königskerzenstängeln auf der Lichtung direkt hinter dem Baum. Zu dieser fortgeschrittenen Zeit der Brutsaison waren die Vögel, außer bei Anbruch des Tages, kaum zu hören.

Am nächsten Tag fügte das Weibchen das dritte Ei zum noch immer unvollständigen Gelege hinzu – normalerweise legen Phoebetyrannen fünf Eier –, und kurz darauf vernahm ich ganz außergewöhnliche, sehr lebhafte Rufe. Das Männchen schien zu singen, wie es die Vögel für gewöhnlich zu Beginn der Nistzeit tun; ich hörte zwei verschiedene *fii-bii*-Rufe, wobei das Männchen seltsamerweise wieder den komischen Lufttanz über der Hütte und den Bäumen vollführte, den ich schon einmal beobachtet hatte. Diese plötzliche »Show« inmitten der ansonsten eher stillen Phase des Eierlegens konnte ich mir nicht erklären, und so beschloss ich, mir das Nest an diesem Nachmittag näher anzusehen. Vorsichtig griff ich hinein, tastete mit den Fingern herum – und spürte ein abgesehen von einigen Eierschalen leeres Nest!

Den ganzen Tag über bis weit in den Abend hinein rief das Männchen immer wieder und fuhr auch mit seinen flatternden Balzflügen über der Lichtung fort. Ich kannte ein solches Verhalten aus dem frühen Frühjahr, einmal hatte ich es auch an dem Tag beobachtet, an dem die Jungen flügge wurden; doch zu dieser Jahreszeit und in dieser Nistphase hatte ich es noch nie gesehen. Seit irgendetwas mit dem Gelege passiert war, war immer nur ein Vogel da gewesen, nie beide gleichzeitig, und bald fiel mir auf, dass das Weibchen fehlte. Vielleicht war es am Nest von einem Beutegreifer getötet worden, der auch das Gelege zerstört hatte. Auf jeden Fall schien das fortgesetzte Rufen und Tanzen des Männchens mit der Abwesenheit des Weibchens zusammenzuhängen. Tyrannen beziehungsweise Schnäpper werden als sogenannte *Suboscines* oder Schreivögel klassifiziert und so von den *Oscines* oder »echten« Singvögeln unterschieden. Ihr Gesang ist zwar nicht so melodiös wie der der Drosseln und Waldsänger, doch warum er unabhängig von seiner subjektiven klanglichen Wirkung auf den Menschen nicht als solcher eingestuft wird, ist mir schleierhaft. Welche Emotion die Vögel möglicherweise zu ihrer stimmlichen Äußerung veranlasst, können wir gar nicht beurteilen. Ich vermute, dass auch hier sowohl bei den Vögeln als auch bei den Menschen wieder einmal der Kontext eine Rolle spielt: Der Mensch beispielsweise weint nicht nur, wenn man ihm wehgetan oder seine Gefühle verletzt hat, er weint auch aus Freude; und ebenso kann er Schreckens- oder Freudenschreie von sich geben.

Am nächsten Morgen wurden wir noch vor Anbruch des Tages vom lauten und konstanten Rufen des Phoebetyrannen geweckt. Es hielt zwar den ganzen Vormittag bis weit in den Nachmittag hinein an, wurde dabei aber immer verhaltener. Um vier Uhr nachmittags schließlich hörte es dann ganz auf.

Am dritten Tag blieb das Männchen zuerst in der Nähe der Hütte und rief noch immer aus den Wipfeln der Bäume heraus, bis es allmählich niedrigere Sitzplätze aufsuchte und anfing, ein Insekt nach dem anderen zu fangen. Stärkte es sich für eine bevorstehende längere Reise? Am nächsten

Morgen herrschte ohrenbetäubende Stille. In diesem Sommer hörte oder sah ich den Phoebetyrann nicht wieder.

Herbst und Winter vergingen. Ich hoffte, dass das Phoebetyrannenmännchen wiederkommen würde, und erwartete im frühen Frühjahr 2013 ängstlich seine Rückkunft. Würde er eine neue Partnerin mitbringen oder wäre er allein und würde hier um ein neues Weibchen werben?

Das Jahr hatte ungewöhnlich begonnen: Es war ein schneearmer Winter gewesen, und statt eines langen, kalten, feuchten Frühlings hatten wir eine Hitzewelle erlebt. Mitte März kletterten die Temperaturen auf beinahe dreißig Grad Celsius, und der wenige Schnee, der gefallen war, schmolz direkt weg. Phoebetyrannen gehören zu den am frühesten zurückkehrenden Zugvögeln, und ich vermutete, dass sie bei diesen Wetterverhältnissen sogar noch früher als sonst zurückkommen würden.

Am 19. März sah ich einen einzelnen Phoebetyrannen. Er war ganz still, abgesehen von gelegentlichen *Tschieps*. Wahrscheinlich würde sich bald auch eine potenzielle Partnerin zeigen, und die beiden würden gemeinsam mit dem Nestbau beginnen.

Doch zwei Tage später hielt sich noch immer nur ein wiederum recht schweigsamer Phoebetyrann in der Nähe der Hütte auf. Am Nachmittag, um zehn Minuten nach eins, brach dieser jedoch plötzlich in lauten, kontinuierlichen Gesang aus und rief abwechselnd *Fii-bii* und *Tschier-vriet*, mit einem gelegentlichen tieferen Triller dazwischen. Nach acht Minuten ununterbrochenen Rufens fing der Vogel ein großes Insekt, schlug es gegen einen Ast und schluckte es hinunter. Anschließend flog er ohne weitere Rufe hoch oben am Himmel in Richtung Osten davon. Ich nahm an, dass er bald wieder auftauchen würde.

Kurz darauf wurden wir von einem abrupten Wetterwechsel überrascht. Es begann zu schneien, und am 26. März sanken die Temperaturen unter den Gefrierpunkt. Der Winter war noch nicht vorbei. Kurz bevor es zu schneien begonnen hatte, war allerdings unser oder ein anderer Phoebetyrann zurückgekehrt. Dieser Vogel sang nicht und hielt sich meist in der Nähe des Bodens auf. Insekten, die er im Flug hätte fangen können, gab es ohnehin keine.

Am 30. März, es lagen mehrere Zentimeter Neuschnee, war der Phoebetyrann wieder verschwunden und bis zum 7. April auch nicht zur Hütte zurückgekehrt. Neun Tage später aber sah ich gleich zwei der Vögel. Um welches Geschlecht oder um welche Geschlechter es sich dabei handelte, konnte ich nicht sagen, da sich Phoebetyrannenmännchen für unsere Augen nicht von den Weibchen unterscheiden. Einer der Vögel flog jedenfalls wiederholt zum alten Nistplatz unter dem Hüttendach. Er flatterte ein wenig über dem mitgenommenen alten Nest herum und landete auch darauf, wobei er leise, zirpende Geräusche von sich gab. Danach landete er auf einem weiteren Sims unter dem Dach und flog zwischen beiden Orten hin und her, immer noch zirpend, als sei er furchtbar aufgeregt. Der zweite Vogel blieb eher auf Abstand; näherte er sich doch einmal der Hütte, flatterte der erste Vogel umgehend zu den potenziellen Nistplätzen. Entweder wollte er auf sie aufmerksam machen oder sie verteidigen. Manchmal flog ein Vogel auch hinter dem anderen her.

Bei Anbruch des folgenden Tages war der Gesang eines einzelnen Phoebetyrannen kontinuierlich aus den Wipfeln der Bäume zu hören. Gegen halb acht tauchte ein zweiter Phoebetyrann auf; sofort war der erste Vogel still und flog erneut zu den Nistplätzen. Er hockte sich einige Augenblicke lang an jeden der beiden Plätze, bevor er auf einen nahe gelegenen Ahornzweig hüpfte, vehement mit den Flügeln flatterte, mit dem Schwanz wippte und schließlich wieder zu den Nistplätzen zurückschlüpfte. Manchmal flog er aber auch plötzlich von der Niststätte auf und attackierte den zweiten Vogel. Einmal verhakten sich die beiden im Flug ineinander, stürzten gemeinsam zu Boden und trennten sich dann wieder. Mehrere Male jagte der eine den anderen in schnellem Flug durch den Wald, kehrte anschließend aber rasch zurück und wiederholte sein Verhalten an den beiden für ein Nest geeigneten Stellen. Dass sich ein Vogel an die Niststätten hockte und den anderen angriff, wann immer sich dieser ihm näherte, ging den ganzen Vormittag lang bis zum frühen Nachmittag so weiter. Bei den beiden Vögeln handelte es sich um Rivalen, die um einen Nistplatz in diesem Revier kämpften. Gegen vierzehn Uhr sang einer der beiden immer noch energisch und flog noch immer zwischen den beiden möglichen Niststätten hin und her, der andere Vogel aber war verschwunden.

Am nächsten Morgen, dem 18. April – ein Vogel war offensichtlich erfolgreich vertrieben –, verbrachte der siegreiche Phoebetyrann weniger Zeit mit dem Besuch der Nistplätze und widmete sich stattdessen auf gut sichtbaren hohen Zweigen in den Baumkronen um die Hütte herum dem aufmerksamkeitsheischenden Gesang.

Um sieben Uhr fünfundzwanzig tauchte ein zweiter Phoebetyrann auf. Er verhielt sich sehr zurückhaltend, blieb aber in der Nähe der Hütte. Das Männchen, nun stolzer Inhaber des Nistplatzes, verließ daraufhin augenblicklich seinen Baum und flatterte wieder abwechselnd über den potenziellen Niststellen in der Luft, unter dem überhängenden Dach, wo es breit genug war, um ein Nest zu befestigen. Als Nächstes landete der Vogel auf dem Dach der Hütte, oberhalb der geeigneten Stellen. Dabei gab er aufgeregt klingende, kurze *Tschip-*, *Tschiep-* und surrende Rufe von sich, sang aber manchmal auch direkt vom Nistplatz aus, etwas, das er noch nie zuvor getan hatte. Er fuhr so fort und war offensichtlich ganz aus dem Häuschen. Was er nicht tat, war, den zweiten Vogel anzufliegen oder sogar anzugreifen. Umgekehrt versuchte auch Letzterer nie, den Revierinhaber zu attackieren. Daraus schloss ich, dass der Neuankömmling ein Weibchen sein musste. Der Phoebetyrann zeigte ihr die Stellen, die sich zum Bau eines Nests eigneten; akzeptierte sie eine davon, wurde sie seine Partnerin.

Allerdings zeigte sie sich wenig beeindruckt: Nach weniger als einer Minute flog sie in östlicher Richtung davon. Zu Aggressionen war es zwischen den beiden nicht gekommen. Kurz nachdem sie weg war, flog auch der männliche Phoebetyrann in diese Richtung. Bald darauf hörte ich ihn in der Ferne singen. Binnen weniger Minuten kehrte er zurück, stieß angriffslustig auf einen Kronenwaldsänger herab und fuhr mit dem Singen um die Hütte herum fort.

Zwanzig Minuten später beobachtete ich einen Phoebetyrannen, der in den Kellerraum unter der neuen Hütte flog, wo das Phoebetyrannennest im vorangegangenen Frühling aufgegeben worden war. In den darauffolgenden drei Tagen sang er beinahe ununterbrochen; am Abend des 21. April aber flog er hoch über den Wipfeln der Kiefern wieder gen Osten, dorthin, wohin auch seine potenzielle Partnerin geflogen war. Am nächsten Tag konnte ich ihn aus dem Wald in dieser Richtung hören. Er kam noch einmal kurz zurück zur Hütte, sang ein paarmal und stürzte sich erneut recht aggressiv auf einen Fichtenzeisig, eine Sumpfschwalbe sowie eine Schwarzkopfmeise. Da der Vogel unzweifelhaft wusste, dass die anderen Vögel weder Phoebetyrannen noch seine Rivalen waren, entstammten die Angriffe wahrscheinlich einer tief empfundenen Frustration.

Am Nachmittag des 10. Mai 2013 kehrte ich nach mehr als zweiwöchiger Abwesenheit in meine Blockhütte zurück und freute mich schon auf den Gesang des Phoebetyrannen. Hatte er inzwischen eine Partnerin gefunden? Leider nicht, wie ich schnell feststellte. Ich fand an keiner der geeigneten Stellen ein neues Nest. Noch immer hörte ich einen der Vögel wie zuvor den ganzen Tag lang singen. Am Abend flog er zu den Wipfeln der höchsten Bäume um die Hütte herum, von wo aus er seine Ausflüge in den Wald unternahm und dabei rief und seine Balzrituale vollführte. Am Morgen flog er zu den potenziellen Nistplätzen unter dem Hüttendach, als zeigte er sie nun einer imaginären Gefährtin. Sogar die Stelle mit dem verlassenen Nest im Keller suchte er auf.

Er war so eifrig wie eh und je, doch tauchte weder eine potenzielle Partnerin noch ein Rivale auf. Und so wiederholte sich das Ganze Tag für Tag, den gesamten Mai über. Zu diesem Zeitpunkt waren die Jungen eines anderen Paars bereits halb ausgewachsen, und die Phoebetyrannen in Vermont versuchten es sogar schon mit einem zweiten Gelege. Dennoch hob das einzelne Männchen jeden Morgen vor Tagesanbruch gegen halb fünf zu singen an und fuhr anschließend ohne Pause etwa eine Stunde damit fort. Dann machte der Vogel für gewöhnlich seine Runde zu den Nistplätzen, als wollte er sie anpreisen, doch war kein Artgenosse da, dem er sie hätte zeigen können.

In der ersten Juniwoche suchte er schließlich nach neuen Nistplätzen, als seien die, die er bereits gefunden hatte, nun doch nicht geeignet. Als Test brachte ich ein kleines Brett unter dem Dach des Schuppens an, das einen exzellenten Nistplatz abgegeben hätte. Er entdeckte es auch bald, setzte sich darauf und flatterte zwitschernd erneut aufgeregt mit den Flügeln, um ein nicht vorhandenes Weibchen zu beeindrucken. Aber es tauchte wieder keines auf. Am 16. Juni – es war warm, und ich hatte die Hüttentür offen gelassen – flog er ins Haus und sah sich darin um; Phoebetyrannen bauen sich oft Nester in Schuppen und Scheunen. Nach einer Weile verschwand er allerdings wieder.

Kurz danach schien er letztlich doch aufzugeben: Es war zunächst kein Gesang mehr zu hören. Am 24. Juni aber hob er spät am Abend, gegen acht Uhr fünfundvierzig, als es gerade dunkel wurde, unerklärlicherweise noch einmal vehement zu singen an. Das hatte er seit einer Woche nicht mehr getan und nun rief er ununterbrochen sechzehn Minuten lang, abwechselnd *Fii-bii* und *Tschier-vriet* wie im Frühjahr, bis es so dunkel war, dass ich das Zifferblatt meiner Uhr ohne künstliches Licht nicht mehr erkennen konnte. Es war sein letztes Ständchen.

Am nächsten Morgen hörte ich mehrere einzelne Rufe und dann gar keine mehr. Der Vogel blieb zwar noch eine Zeit lang in der Nähe, war aber, nun da er still blieb, nicht mehr ohne Weiteres aufzuspüren. Er wippte jetzt nur noch schwach und unregelmäßig mit dem Schwanz.

Am 3. Juli sah ich ihn scheinbar zusammengesunken auf einem Kiefernstumpf vor meinem Fenster in der Sonne sitzen. Manchmal setzte er sich auch kurz auf die abgestorbenen Äste der Robinie, die meine Lichtung säumt. Da er sich im September noch immer in der Nähe der Hütte aufhielt, hoffte ich, er würde im nächsten Frühjahr zurückkehren und es noch einmal versuchen, nachdem er den Winter vielleicht in Georgia verbracht hatte.

Im Frühling des Jahres 2014 erschien der erste Phoebetyrann am 7. April an meiner Hütte. Da er sich still verhielt, konnte ich seine Bewegungen nicht verfolgen; er blieb allerdings ohnehin nicht in der Nähe. Bei zwei weiteren Gelegenheiten sah ich ihn oder andere Phoebetyrannen, die sich abgesehen von sporadischen leisen *Tschieps* ebenfalls still verhielten. Der Hütte selbst oder potenziellen Nistplätzen schenkten die Vögel kaum Aufmerksamkeit. Ich vermutete, dass es sich bei ihnen um Zugvögel handelte, die zu anderen Bestimmungsorten unterwegs waren. Am 22. April jedoch tauchte schließlich ein Phoebetyrann auf, der ein völlig anderes Verhalten zeigte.

Ich hörte ihn mitten am Vormittag nach einer Nacht warmen Regens und Temperaturen um die acht Grad Celsius. Er sang lautstark, die typischen *Fii-bii-* und *Tschier-vriet*-Rufe folgten einander im Sekundentakt. Er saß in der Spitze eines Zucker-Ahorns beim Sims unter dem Hüttendach in der Nähe des früheren Nests, das im Winter allerdings heruntergefallen war. Er flog wiederholt nach unten und flatterte an der Stelle minutenlang aufgeregt mit den Flügeln, bevor er seinen Gesang aus den Wipfeln der höchsten Bäume wieder aufnahm. Er schien keine besondere Vorliebe für bestimmte Bäume zu haben: Zucker-Ahorn, Rot-Ahorn, Kiefer, Eiche, Kastanie – sie alle waren ihm recht, solange sie nur *hoch* genug waren. Meist drehte er sich von der Lichtung weg, während er sang. Um zehn Uhr fünfundvierzig flog er nach Westen über den Wald hinweg und sang aus rund hundert Meter Entfernung weiter. Um vier Minuten nach zehn kehrte er zurück, sang noch einmal kurz und verschwand dann erneut. Er hatte einen Nistplatz gewählt und versuchte nun, ein Weibchen anzulocken. Aber würde auch eines kommen?

In den darauffolgenden Tagen sah ich hin und wieder nur einen Phoebetyrannen bei meiner Hütte, doch am 1. Mai ließ sich tatsächlich ein *Paar* blicken. Am 7. Mai hatten die beiden mit dem Nestbau begonnen, am 14. Mai paarten sie sich und am 26. Mai war ein Gelege von vier Eiern vollständig. Am Nachmittag des 28. Juni waren schließlich alle Jungen flügge geworden.

Im nächsten Jahr, 2015, kehrten die ersten Phoebetyrannen am 16. April zurück, und von Anfang an hielt sich ein Paar auf meiner Lichtung auf. Vom ersten Tag an inspizierte sowohl das Männchen als auch das Weibchen potenzielle Nistplätze; sie schienen sich nicht entscheiden zu können, flogen vom einen zum anderen, doch Tag für Tag immer wieder zu denselben. Am 1. Mai jedoch begannen sie dann mit dem Nestbau, an derselben Stelle, an der auch in den Jahren zuvor Nester gewesen waren. Am 13. Mai legte das Weibchen das vierte Ei ihres Geleges.

Das Verhalten der beiden Paare wich enorm von dem des einzelnen Phoebetyrannen ohne Weibchen ab: Als nur der eine Vogel da gewesen war, war den ganzen Frühling und Sommer hindurch aus den Wipfeln der Bäume Gesang erschollen. Von den verpaarten Vögeln kam kein Gesang, und nachdem das Nisten begonnen hatte, waren auch kaum laute Rufe zu hören.

Ich hatte nicht damit gerechnet, je Gelegenheit zu haben, einen Phoebetyrannen zu beobachten, der seine Partnerin verloren hatte und versuchte, ein neues Weibchen zu finden. Dies aus nächster Nähe miterleben zu können brachte mir zwar kaum neue Erkenntnisse, aber sehr viel Empathie. Dass die beiden Paare nun so erfolgreich nisteten, brachte mir endlich die Freude wieder, die ich bei den Schnäppern in meiner Kindheit empfunden hatte.

16

Abendkernbeißer

Der Abendkernbeißer trägt einen irreführenden Namen. Er hat ebenso wenig mit dem Abend zu tun wie mit dem Morgen, dem Mittag oder der Nacht, sein leuchtend weißes und gelbes Gefieder lässt im Gegenteil eher an Licht und Sonnenschein denken. Den Hauptnamen Kernbeißer verdankt er zweifelsohne seinem kräftigen Schnabel, den er mit vielen anderen Finken wie beispielsweise Webervögeln, Kardinälen und Tangaren gemein hat.

Und ebenso wie die meisten Finken versammeln sich auch Abendkernbeißer im Herbst und im Winter zu größeren Scharen. Ich habe eine sehr schöne Erinnerung an eine solche Schar aus einem Herbst vor über fünfzig Jahren. Die Bäume hatten ihre Blätter abgeworfen, und die Vögel pickten die Samen aus einer Weiß-Esche. Mit ihrem strahlenden Gefieder, dem kompakten Rumpf, dem dicken Schnabel und dem geselligen Verhalten dachte ich bei ihnen unweigerlich eher an Papageien als an Finken. Das Bild der Vögel, wie sie da in der Esche saßen, prägte sich mir unauslöschlich ein. Vielleicht war es damals meine erste Begegnung mit ihnen, doch heute sind Abendkernbeißer übliche winterliche Besucher an Futterstationen, die mit Sonnenblumenkernen gefüllt sind. In einem meiner noch immer liebsten Vogelbestimmungsbücher – dem *Audubon Bird Guide* von 1946 – schreibt der Autor Richard Pough, der Winter sei aufgrund der knappen Nahrung eine kritische Zeit für Kernbeißer, und fügt zuversichtlich hinzu: »Werden im Winter ausreichend Futterstationen aufgestellt, um den Abendkernbeißer von seiner Abhängigkeit von natürlichen Nahrungsquellen zu befreien, werden seine Populationen in den kommenden Jahren wahrscheinlich stark ansteigen.«

Seit Poughs hoffnungsfrohem Ausblick sind inzwischen achtundsechzig Jahre vergangen, und heute gibt es vermutlich ebenso viele oder sogar noch mehr Futterstationen als zu seiner Zeit – dass die Abendkernbeißerpopulationen aber stark angestiegen sind, möchte ich doch bezweifeln.

Wie Hakengimpel, Birkenzeisige, Fichtenzeisige, Fichtenkreuzschnäbel und Bindenkreuzschnäbel sind die Vögel in einem Jahr häufigst vertreten und anschließend viele Jahre lang gar nicht zu sehen. Ähnlich anderen samenfressenden Finken sind auch Abendkernbeißer Wanderer, die größtenteils vom Vorhandensein wilder Samen abhängen. Wann immer ich ihre metallisch widerhallenden Rufe vernehme, horche ich auf – wie im Frühling des Jahres 2011.

Im Winter 2010/2011 habe ich in meinem Wald im westlichen Maine Abendkernbeißer weder gehört noch gesehen. Das überraschte mich nicht, war es doch eines der seltenen Jahre, in denen meines Wissens die Bäume im Herbst und Winter keine Samen trugen. Der Zucker-Ahorn hatte im Frühjahr nicht geblüht, und auch an Kiefer, Hemlocktanne, Lärche, Rot-Fichte, Weiß-Fichte sowie Balsam-Tanne waren keine Samen zu sehen. Auch Eschen-, Streifen-Ahorn- oder Vermont-Ahorn-Samen sah ich keine, ebenso wenig wie die Samen der drei häufigsten in der Gegend vorkommenden Birken (Gelb-Birke, Grau-Birke und Papier-Birke). Kurzum: Es herrschte ein ungewöhnlicher Mangel an Baumsamen. Selbst die Kanadakleiber, die meiner Erinnerung nach »immer« da gewesen waren, kamen in diesem Winter nicht. Würden sie oder irgendein anderer Samenfresser im Frühling zum Nisten zurückkehren?

Gegen Ende der ersten Maiwoche 2011 hatten die Bäume noch immer keine neuen Blätter getrieben. Wohingegen der Rot-Ahorn, der jedes Frühjahr blüht, die Blütezeit schon fast hinter sich hatte. Auf den umgebenden Hügeln zeichnete sich die Massenblüte der Zucker-Ahorn-Bäume, die nicht jedes Jahr blühen, als hellgelbe Flecken vor dem Hintergrund der grau-braunen blattlosen Laubbäume und der dunkelgrünen Koniferen ab. Ich freute mich über den Ruf des ersten Kanadakleibers seit dem vorangegangenen Jahr. In Scharen flogen die Sommervögel herbei, die Luft war vom Gesang der Pieperwaldsänger, Rubinfleck-Waldsänger, Weiden-Gelbkehlchen, Purpurgimpel, Grünwaldsänger und Graukopf-Vireos erfüllt. Hier und dort trommelte ein Gelbbauch-Saftlecker, ein Goldspecht, ein Helmspecht, ein Dunenspecht oder ein Haarspecht. Im Morgengrauen kreisten vier Sumpfschwalben hoch oben über der Lichtung; zwei von ihnen blieben und kleideten den Nistkasten mit dem ersten trockenen Gras aus. Und am 7. Mai überraschten mich drei Abendkernbeißer, die auf den Zucker-Ahorn-Bäumen neben meiner Blockhütte landeten.

In der Morgendämmerung vier Tage später, am 11. Mai, sanken die Temperaturen unter dem bewölkten Himmel auf knapp über vier Grad Celsius. Es war nicht gerade ein guter Tag zum Beobachten von Vögeln, und doch hörte ich, als ich die Tür meiner Hütte öffnete, erneut den charakteristischen, glockenähnlichen Ruf des Abendkernbeißers. Und plötzlich sah ich ihn auch – besser gesagt siebzehn von ihnen, die direkt vor mir auf einer jungen Amerikanischen Zitterpappel auf der anderen Seite meiner Lichtung saßen. Das Gefieder der adulten Männchen besteht aus leuchtenden weißen, gelben und braunen Federn, die Weibchen und noch nicht geschlechtsreifen Männchen sind in ein gedecktes Graugelb gekleidet. Noch auffälliger allerdings war die Farbe ihrer Schnäbel. Ich sah noch einmal hin – doch, ja, kein Zweifel, sie waren pistaziengrün und nicht elfenbeinfarben wie die der Abendkernbeißer, die ich von früher kannte oder die in dem neuesten Vogelbestimmungsbuch, das ich geschenkt bekommen hatte, abgebildet waren. Das Grün setzte sich ausgesprochen hübsch gegen das strahlend gelbe Gefieder der Männchen ab.

Der Anblick der Vögel fesselte mich. Mir fiel auf, dass sie an Blättern herumpickten, und ich hatte sogar den Eindruck, dass sie sie *fraßen*. Doch konnte ich meinen Augen trauen? Kernbeißer sind Samenfresser, Punkt. Die Natur hat ihnen kräftige Schnäbel geschenkt, mit denen sie sogar Kirschkerne knacken können. Voll Erstaunen beobachtete ich die Vögel einige Minuten lang, bis sie sich wie auf ein gemeinsames Signal hin alle zusammen in die Luft erhoben und in ihrem typischen, schnellen, papageienähnlichen Flug verschwanden. Ich kletterte den Baum hinauf und brach einen der Zweige ab, auf denen sie gesessen hatten. Hatten sie wirklich *Blätter* gefressen? Zuerst dachte ich, der Zweig hätte nur spärlich Blätter getrieben; dann aber sah ich, dass an ihm sechzig frische Blattstiele ohne Blattspreiten hingen, die demnach tatsächlich abgezwickt worden waren. Und auch die pistazienfarbenen Schnäbel waren keineswegs meiner Einbildung entsprungen: Wie ich später erfuhr, gehören Abendkernbeißer zu den wenigen Singvögeln – wenn sie nicht gar die einzigen sind –, die in der

Nistzeit die Schnabelfarbe wechseln, vergleichbar mit anderen Vögeln, die in dieser Zeit durch Mauser und das Schieben neuer Federn ein Balz- oder Prachtkleid anlegen.

Abendkernbeißer sind in der borealen Region der Tannen und Fichten heimisch und nisten dort auch. Meine siebzehnköpfige Abendkernbeißerschar sah ich danach nicht wieder. Vielleicht zog sie nach Kanada und ins nördliche Maine, wo es endlose Fichten-Tannen-Wälder gibt und wo ich sie zu Beginn der 1960er-Jahre im Juni beim Nisten beobachtet hatte – damals hatte ich in den Semesterferien im Allagash-Schutzgebiet in einem Holzfällerlager gearbeitet.

Zehn Tage später, am 21. Mai, waren noch vereinzelte Abendkernbeißer in der Gegend: Eine Schar von sieben Vögeln flog über meine Hütte hinweg. Zu dieser Zeit hatten sich die Buchenblätter bereits vollständig entfaltet, die Ahornbäume waren ebenfalls fast gänzlich belaubt und der Waldboden war von einem wahren Teppich an Veilchen sowie Großblütiger und Aufrechter Waldlilie überzogen. Über den Rand seines Nests sah ein brütendes Breitschwingenbussardweibchen auf mich herab. Die an Blättern nach tierischer Nahrung suchenden Vögel wie die Rotaugenvireos und die Scharlachtangare waren wieder da, das Phoebetyrannenweibchen hatte mit dem Eierlegen begonnen.

Wiederum eine Woche später, ich beobachtete gerade nistende Sumpfschwalben, wurde ich erneut von den lauten, widerhallenden Rufen eines Abendkernbeißers abgelenkt, die ich in den nahe gelegenen Laubholzwäldern zu orten meinte. Einige Stunden später hörte ich sie aus dieser Richtung wieder. Seltsam, dachte ich, denn wenn die Vögel eines konsequent tun, dann ist es umherzuziehen. Ich hatte seit Tagen keinen Abendkernbeißer mehr gehört.

Als ich nachsah, fand ich einen männlichen Abendkernbeißer in der Krone einer riesigen Kiefer zwischen Ahornbäumen, Eschen und Pappeln sitzen. Gleich darauf tauchte ein Weibchen auf und landete kurz auf einem Zweig neben dem Männchen. Sie tauschten leise, geflüsterte Rufe aus. Dann flog sie weg, und er folgte dicht hinter ihr. Ich saß noch eine Weile ganz still in dem Wald, in dem sie verschwunden waren, und hörte bald erneut die leisen, geflüsterten Rufe – das Paar saß weniger als fünf

Meter über mir. Ihr »Liebesgeflüster« ließ darauf schließen, dass es sich hier tatsächlich um verpaarte Vögel handelte, die vielleicht sogar nisteten; die Jahreszeit jedenfalls passte. Danach flogen sie in einen dichten Hain junger Rot-Fichten, der sich zwischen den Laubhölzern erstreckte, und von dort aus flog das Weibchen zur selben großen Kiefer, in der auch das Männchen gesessen hatte. Letzteres folgte dem Weibchen wieder umgehend. Anschließend ließ das Männchen noch einmal die lauten, metallisch klirrenden Rufe erklingen. Das Weibchen kehrte zu einer Stelle in meiner Nähe zurück, woraufhin beide Vögel gemeinsam zu den Rot-Fichten zurückkehrten. Als das Weibchen an einem abgestorbenen trockenen Zweig herumpickte, lief ich rasch zur Kiefer zurück, um auf die beiden zu warten – und tatsächlich waren sie nicht lange danach wieder da. Sie hatten begonnen, sich an der Spitze eines Kiefernasts rund dreißig Meter über dem Boden ein Nest zu bauen.

Im Gegensatz zum vorangegangenen Jahr hing die Kiefer voller junger Zapfen, und auch die Balsam-Tannen, Rot-Fichten, Weiß-Fichten, Weiß-Eschen und Zucker-Ahorn-Bäume trugen bereits Früchte. Es versprach, ein ausgezeichnetes Samenjahr zu werden.

Vieles war neu für mich. Kernbeißer fraßen Blätter, wechselten die Schnabelfarbe, bauten sich ein Nest und verhielten sich als Paar. Ich hatte in fast jedem Winter Scharen von Kernbeißern gesehen, doch im Gegensatz zu den anderen Finken tragen sie das ganze Jahr über ein Federkleid in denselben Farben. Waren die pistaziengrünen Schnäbel zu dieser Zeit ihrer Nahrung geschuldet? Signalisierte die Farbe Nistbereitschaft? Oder hängt sie mit der sexuellen Selektion zusammen? Wenn dem allerdings so wäre, würde nur eines der beiden Geschlechter die entsprechende Färbung aufweisen. Denn Gegensätze ziehen sich an – beim Vogel wie beim Meschen.

17

Publikum für eine Waldschnepfe

Die Amerikanische Waldschnepfe oder Kanadaschnepfe wirkt äußerlich etwas linkisch und bildet mit den Strandläufern und Watvögeln die Familie der *Scolopacidae*, der Schnepfenvögel. Sie schreitet auf stämmigen Beinen einher, besitzt einen Schnabel, der ein Drittel der Körperlänge ausmacht, und verfügt über Augen, die am Hinterkopf platziert sind. In der Dämmerung eines kühlen Aprilabends landet das Waldschnepfenmännchen mit flatternden Flügeln auf einer Lichtung und lässt sich auf dem feuchten, niedergedrückten Gras sowie den Blättern nieder, auf denen der Schnee erst vor Kurzem geschmolzen ist. Anschließend lässt der Vogel eine Reihe seltsamer, leiser, an Schluckauf erinnernder Geräusche ertönen, woraufhin er sich ruckartig vorwärtsbewegt und dabei laute, lebhafte *Piiients* von sich gibt. Wird es dann dunkel, schießt er in die Luft wie ein überdimensionaler Kolibri, wobei seine Flügel ein pfeifendes Geräusch machen. Zuerst fliegt er in einem Winkel von etwa dreißig Grad höher und immer höher über die Lichtung auf. In ungefähr hundert Meter Höhe beginnt er dann zu kreisen und schraubt sich dabei immer weiter nach oben, bis er nur noch ein winziger Punkt am Himmel ist und letztlich sogar dieser verschwindet. Dann hört man ihn nur noch schwach oder bei Umgebungsgeräuschen gar nicht mehr. Plötzlich aber sind in rascher Abfolge schrille Piepser zu vernehmen, und der Vogel stürzt sich in Spiralen und Zickzacklinien vom Himmel. Kurz über den Baumwipfeln bremst er seinen Sturz mit lautem Flügelgeflatter ab und landet dann wieder an beinahe exakt der Stelle, von der er rund eine Minute zuvor aufgeflogen ist.

Als ich diesen Lufttanz der Waldschnepfe zum ersten Mal beobachtete, wusste ich noch rein gar nichts über diese Tiere. Als Junge habe ich einmal eine ganze Nacht auf einem Feld in der Nähe unserer Farm in Maine verbracht, nachdem ich dort abends eine Waldschnepfe gehört hatte. Und im Morgengrauen – Schnee war gefallen und hatte meinen Schlafsack bedeckt –

hörte ich sie wieder. Der Gesang des Vogels fesselte mich mehr als alles, was seinerzeit im Radio lief. Und als ich annähernd ein halbes Jahrhundert später eine Lichtung im Wald neben meiner Blockhütte in Maine anlegte, hatte ich nur eines im Kopf: meinen gefiederten Musiker, die Waldschnepfe. Ich freue mich jedes Jahr aufs Neue auf ihr Frühlingsritual, seit Jahrzehnten habe ich die Premiere im April nicht ein einziges Mal verpasst.

Da die Waldschnepfe zum beliebten Federwild gehört, waren und sind ihre Gewohnheiten und ihr Lebensraum von großem Interesse. Wahrscheinlich ist die Waldschnepfe einer der am besten erforschten Vögel Nordamerikas. Mittlerweile weiß man, dass der Lufttanz an den entsprechenden Orten in der Regel Jahr für Jahr vom selben Waldschnepfenmännchen vollführt wird. Doch wie immer gibt es auch Ausnahmen von der Regel: Die Vögel müssen sich den Balzplatz erbittert erkämpfen, und der Reviererfolg hängt von der Dominanz des einen Männchens über andere ab. Nichtsdestotrotz müssen alle Männchen Leistung bringen, denn in der Balzphase sieht sich ein Weibchen an einem einzigen Abend mitunter bis zu drei verschiedene »Aufführungen« an. Da die Männchen vermutlich die Balzplätze aufgeben, an denen sie kein weibliches Publikum haben, liegen diese für gewöhnlich in der Nähe eines Habitats, das sich zur Aufzucht der Jungen eignet.

Seit dreißig Jahren ist in der Waldschnepfenpopulation ein dramatischer Rückgang zu verzeichnen, was paradoxerweise am nachwachsenden Wald liegt. Der Vogel lebt zwar am Boden im dichten Unterholz, braucht zur Fortpflanzung aber eine ausreichend große Lichtung, von der das Männchen zu seinem luftigen Balztanz abheben kann. (Ich tue, was ich kann. Ich stemme mich mit Kettensäge, Axt und Motorsense gegen den wieder und wieder auf die Lichtung drängenden Wald.) Allerdings ist die Waldschnepfe auch mit anderen Bedrohungen konfrontiert. Mit dem weithin sichtbaren Balzritual soll das Männchen, so hat es die Evolution vorgesehen, paarungsbereite Weibchen anlocken – doch was paarungsbereite Weibchen anlockt, weckt unter Umständen auch das Interesse hungriger Beutegreifer.

Möglicherweise stellt auch die Nahrung ein Problem dar. Waldschnepfen ernähren sich von Regenwürmern, die sie mit ihrem langen Schnabel in der Erde aufspüren; an der Spitze ist dieser Schnabel mit einem Haken ausgestattet, der dem Aufspießen der Würmer dient. (Angesichts der zahlreichen Löcher, die ich im Matsch gefunden habe, nachdem eine Waldschnepfe dort nach Nahrung gesucht hat, ist anzunehmen, dass der Vogel willkürlich im Schlamm herumstochert – und man fragt sich, wie es ihm auf diese Weise überhaupt gelingt, nicht zu verhungern.) Zudem riskieren die Tiere im Frühjahr immer wieder aufs Neue ihr Leben, wenn sie bei ihrer Rückkehr aus dem Süden den Boden noch gefroren oder von tiefem Schnee bedeckt vorfinden, Bedingungen also, die verhindern, dass sie an die dringend nötige Nahrung gelangen.

2011 sah ich die erste Waldschnepfe des Jahres etwa zur selben Zeit und unter denselben Umständen wie gewöhnlich am 26. März. Seit ein paar Tagen betrugen die Temperaturen um die minus zwölf Grad Celsius, stiegen aber gerade an, als ich von Vermont zu meiner Blockhütte in Maine fuhr. Um halb sieben Uhr abends, es wurde schon dunkel, erspähte ich eine Waldschnepfe am Straßenrand. Sie bewegte sich nicht. Ich wendete und fuhr zurück, um den Vogel aufzuheben, sollte er überfahren worden sein. Doch als ich wieder bei ihm ankam, war er über die Straße und eine Schneeverwehung hinaufgelaufen, wo er sich auf seine typische, pfeifende Art in die Luft erhob. Der Boden war noch steinhart gefroren, und meine Hütte lag unter einer hohen Schneedecke versteckt; nur der eine oder andere steile, nach Süden weisende Hang wies bereits einige schneefreie Stellen auf. Erst rund einen Monat später, am 21. April, nachdem der Schnee auf meiner Lichtung zu großen Teilen geschmolzen war, entdeckte ich eine Spur: den weißen Waldschnepfenkot in einer von Schmelzwasser feuchten Mulde am unteren Rand meiner Schneise. Eine Waldschnepfe war gekommen. Und um fünf vor acht an diesem Abend hörte ich auch ihre *Piiients* und sah, wie sich der Vogel in den Himmel erhob, um seinen Balztanz zu vollführen. Er hatte es wieder nach Hause geschafft! Und ich freute mich unendlich über seine Anwesenheit.

Am 5. Mai des Jahrs davor hatte ich mit Freunden vom Sterling College zwei soeben geschlüpfte Waldschnepfenküken in der Nähe meiner Lichtung gefunden. Wir hatten die Jungen erst entdeckt, nachdem wir beinahe auf ihre Mutter getreten waren, die ebenso gut getarnt war wie der Nachwuchs. Die Jungen hatten sich unter sie geschmiegt und drückten sich flach ins Laub, als wir die Mutter versehentlich aufscheuchten. Ich zeichnete die Küken in dem Versuch, sie so festzuhalten, wie sie aussahen, als sie wiederum versuchten, nach rein gar nichts auszusehen – beziehungsweise nach allem anderen, was da so auf dem laubbedeckten Waldboden herumlag.

In diesem Jahr (2012) suchte ich am 25. April an derselben Stelle nach einem potenziellen Nest. Die Nester, die die weiblichen Waldschnepfen für ihre drei bis vier getarnten Eier bauen, ähneln lediglich kleineren Vertiefungen im Boden.

Kaum hatte ich die Stelle erreicht, schreckte ich eine Waldschnepfe auf. Zu meiner Überraschung aber blieb eine zweite Waldschnepfe an beinahe exakt demselben Fleck, von dem ich die erste aufgescheucht hatte. Sie – ich vermutete, dass es sich um ein Weibchen handelte, allerdings sehen Waldschnepfenmännchen und -weibchen gleich aus – stolzierte in aller Ruhe davon, lief ein Stück, blieb stehen und wiegte den Körper sanft vor und zurück. Als ich etwas näher kam, um den Vogel zu fotografieren, wiederholte dieser seine seltsamen wiegenden Bewegungen und ging voraus. Er unternahm nicht den geringsten Versuch, sich zu verstecken, und der »Wiegeschritt« war ebenfalls alles andere als unauffällig. Warum tat die Waldschnepfe das? Wollte sie mich vom Nest und vielleicht von den Küken weglocken? Möglich war es, doch ich erinnerte mich auch daran, wie ich vor Jahren einmal eine Waldschnepfe mit Jungen auf einer Straße überrascht hatte. Sie hatte ein quietschendes Geräusch von sich gegeben und dann wie viele andere bodenbrütende Vögel einen gebrochenen Flügel vorgetäuscht, damit ich ihr folgte.

Der Gang dieser Waldschnepfe war anders, sollte aber mit Sicherheit auch meine Aufmerksamkeit erregen. Und so folgte ich ihr weiter, während sie mit wiegenden Schritten vorauslief. Schließlich flog sie auf, aber nur etwa zehn Meter weit, bevor sie danach wieder auf dem Boden in einem dichten Korallenhülsenstrauch landete. Und jetzt? Würde die Waldschnepfe jetzt vielleicht zu einem Nest zurückkehren? Ich zog mich rund dreißig Meter zurück, um zu warten und weiter zu beobachten. Sobald ich mich einige Meter entfernt hatte, blieb die Waldschnepfe stehen und hörte kurz darauf auch mit den wiegenden Bewegungen auf. Fünfzehn Minuten später hatte sie sich noch immer nicht wieder gerührt. So ging ich zurück zum Strauch; der Vogel lief zuerst zur gegenüberliegenden Seite und dann wie zuvor weiter. Ich folgte ihm. Nach einer Weile drehte ich mich allerdings um und ging weg, um bei der Waldschnepfe den Eindruck zu erwecken, sie habe mich tatsächlich überlistet.

Zwei Wochen später kam ich zufällig an derselben Stelle im Wald vorbei, nachdem ich am Abend zuvor die Balztänze der Waldschnepfe am nächtlichen Himmel beobachtet hatte. Es war um die Mittagszeit, und »die« Waldschnepfe war wieder da – an genau demselben Fleck. Wieder lief sie vor mir her. Dieses Mal jedoch blieb sie stehen und stellte ihre kurzen und kräftigen Schwanzfedern auf, die ein Weiß aufblitzen ließen, das normalerweise nicht zu sehen war. Nun war ich endgültig davon überzeugt, dass der Vogel versuchte, mich wegzulocken; ich spielte mit und folgte, weil ich neugierig war, wohin er mich wohl führen würde. Wie zuvor auch blieb die Waldschnepfe stehen, sobald ich stehen blieb, und begann, sich sanft zu wiegen – statt vor und zurück dieses Mal allerdings auf und ab. Da ich mir sicher war, dass entweder Eier oder Küken in der Nähe sein mussten, suchte ich zehn Minuten lang nach beidem, fand aber nichts.

War die Waldschnepfe tatsächlich ein Weibchen und hatte sie Eier oder noch kleinen Nachwuchs, würde sie zum Nest zurückkehren. Also kletterte ich hoch in einen Ahornbaum hinauf, der hinter anderen Bäumen stand und so weit weg war, dass der Vogel mich nicht sah oder zumindest nicht als Bedrohung empfand. So weit weg, dass ich die Waldschnepfe mit Fernglas nicht hätte beobachten können, war der Baum aber wiederum auch nicht. Hatte sie Junge, müsste sie zu ihnen zurück oder nach ihnen rufen und ihnen damit signalisieren, dass sie nun aus ihrem Versteck kommen konnten. Ich hatte viel Spaß in meinem Baum. Unter mir am Boden sah ich einen Bläuling und einen Perlmutterfalter umherflattern. Die Schnepfe aber blieb, wo sie war, in der feuchten Mulde am Rand des Felds in der Nähe der Landeplattform, wo das Männchen *piiient* gerufen und seinen Balztanz vollführt hatte.

Ich hätte die Sache nicht weiterverfolgt und angenommen, der Vogel, ein Weibchen, hatte mich von Nest und Eiern, die ich schlicht nicht hatte aufspüren können, weglocken wollen. Hätte – wäre mir nicht von einem Freund aus Trenton, Maine, ein Video von einer Waldschnepfe zugeschickt worden, die einen Monat zuvor exakt dasselbe auf einer Auffahrt getan hatte. Das war interessant, weil es meine Hypothese eindeutig widerlegte: Seine Waldschnepfe hätte zu dieser Zeit, unmittelbar nach der Rückkehr aus ihrem Winterquartier, unmöglich ein Nest haben können. Die Waldschnepfe ist, wie wir uns erinnern, einer der am besten erforschten Vögel Nordamerikas, also musste im Internet doch irgendetwas zum rätselhaften Verhalten der Vögel, das ich danach übrigens nie wieder beobachtete, zu finden sein!

Tatsächlich fand ich Videos von Waldschnepfen, die genau das taten, was ich beobachtet hatte und das vielfach als »wiegender, tänzelnder Gang« beschrieben wurde. Allerdings wurde sich hier mehr oder weniger über die Tiere lustig gemacht, die man entweder als schlicht dumm abstempelte oder für mit beinahe übersinnlichen Fähigkeiten begabt hielt. Den Biologen ist das seltsame Verhalten der Vögel ebenfalls nicht entgangen, sie haben zahlreiche fantasievolle Hypothesen aufgestellt, um es zu erklären. O. S. Pettingill (1936) etwa nahm als Grund »Angst und Argwohn« an. Angst und Argwohn spielen hier möglicherweise eine Rolle – möglicherweise aber auch nicht. Wie will man das beweisen? »Reduzierung des Risikos, entdeckt zu werden, durch die Verkleinerung des eigenen Schattens« lautet eine weitere Hypothese, aufgestellt von C. B. Worth (1976). Allerdings ist nur schwer vorstellbar, wie eine Waldschnepfe, die aussieht, als hinge sie wie ein Jo-Jo an einer Schnur, ihren eigenen Schatten verkleinern könnte, vor allem wenn Sich-Ducken und An-den-Boden-Drängen dafür doch viel besser geeignet wären. Eine alternative Hypothese, die jüngste, die ich gefunden habe, stammt aus dem Jahr 1982: W. M. Marshall schlug vor, der wiegende Gang sei die Art, wie Waldschnepfen nach Regenwürmern suchen. Dieser Hypothese zufolge sind die Vögel nachgerade genial: Sie wiegen sich und erzeugen dadurch Vibrationen, die die Regenwürmer spüren und sie dazu veranlassen, sich zu krümmen. Dieses Krümmen wiederum spürt die Waldschnepfe mit ihren Füßen, weshalb sie anschließend genau weiß, wo sie nach ihrer Nahrung stochern muss. Uneinig ist man sich lediglich darüber, ob sich die Würmer tatsächlich durch das Krümmen verraten würden. Manche gehen auch davon aus, dass sich die Tiere nur ihren Weg aus der Erde bahnen, um Tunnel grabenden Maulwürfen – ihren Fressfeinden – zu entkommen. So wäre das Wiegen nur eine Strategie des Vogels, Maulwürfe zu imitieren, um die Würmer an die Oberfläche zu locken – und schon wäre der Tisch gedeckt. Das Problem daran ist nur, dass meines Wissens niemand je beobachtet hat, dass eine Waldschnepfe mit dieser Methode tatsächlich Regenwürmer fängt. Ich selbst halte die Hypothese nach allem, was ich gesehen habe, für unwahrscheinlich. Das Wiegen, das ich beobachtet habe, war sanft und hätte kaum Vibrationen der Erde verursacht. Außerdem würde keine Waldschnepfe in Gegenwart einer potenziellen Bedrohung auf Wurmjagd gehen; sie würde ihrem Instinkt folgen und fliehen, also wegfliegen. Und schließlich würde eine Waldschnepfe auf Wurmjagd nicht aufhören zu jagen, wenn ihr Verfolger stehen geblieben ist, und mit der Jagd fortfahren, sobald sich auch der Verfolger wieder in Bewegung setzt.

Nachdem ich den wiegenden Gang der Waldschnepfe, den ich selbst beobachtet hatte, im Geiste immer wieder durchgegangen war und mir das Video meines Freundes, das Anfang April bei noch immer gefrorenem Boden aufgenommen worden war, immer wieder angesehen hatte, war mir klar, dass ich es hier mit etwas wirklich Interessantem zu tun hatte. Und während zu beweisen, was die Schnepfe da tat, schwierig werden könnte, gab es andererseits zahlreiche Beweise dafür, was der seltsame Gang sicherlich nicht war. Wurde er beispielsweise auf Eis oder Kies, wie in mehreren Videos zu sehen war, ausgeführt, konnte der Vogel damit mit Sicherheit keine Regenwürmer an die Oberfläche locken. Die wenigen Regenwürmer in dem eisigen Boden, auf dem ich die Waldschnepfe beobachtet hatte, befanden sich in Winterstarre und waren noch nicht in der Lage, sich zu krümmen. Als Methode der Nahrungssuche kann der Wiegegang demnach ausgeschlossen werden, als Ablenkungsmanöver ergibt er hingegen weitaus mehr Sinn. Dem gleichen Zweck dient beispielsweise der sogenannte Spiegel, der weiße Fleck am Hinterteil von Rehen und anderem Wild, das Klappern der Klapperschlange oder das pfeifende Geräusch der Flügel von Tauben, die von einem potenziellen Beutegreifer aufgeschreckt werden.

Der wiegende Gang der Waldschnepfe, da war ich mir mittlerweile sicher, signalisiert Beutegreifern, dass sie gesehen wurden. Die spezielle Platzierung der Augen am Hinterkopf des Vogels vermittelt dem Beutegreifer den Eindruck, dass die erhoffte Mahlzeit ihn die ganze Zeit beobachtet. (Augen spielen bei der Einschätzung, ob die Beute leicht oder schwer zu fangen ist, eine große Rolle.) Der wiegende Gang verstärkt die Botschaft an den Fressfeind, dass dieser den Vorteil der Überraschung eingebüßt hat und eine weitere Verfolgung reine Zeitverschwendung wäre. Hat der Vogel mit seiner Strategie Erfolg, muss er nicht wegfliegen, um zu flüchten, und damit einen Platz, an dem er Deckung gefunden hat, einen guten Balzplatz oder einfach nur einen Ort, an dem es Regenwürmer gibt, aufgeben.

Der legendäre Balztanz der Waldschnepfe ist für das eine Publikum gedacht, der wiegende Gang für ein anderes, beides aber dient dem Zweck, gehört und/oder gesehen zu werden. Und so wurde auch ich, angespornt durch eine Hypothese, zum Publikum meiner Waldschnepfe. Im darauffolgenden Frühjahr hielt ich mich wieder längere Zeit am Stück in meiner Blockhütte auf, bekam die Waldschnepfe aber nur kurz zu Gesicht. Sie vollführte einige abgekürzte Balztänze, dann herrschte abgesehen vom Gesang der Frösche Stille. Denn just zu dieser Zeit wurde der Teich, den ich am Rande der Lichtung ausgehoben hatte, wieder von paarungswilligen Waldfröschen und Frühlingspfeifern aufgesucht. Den ersten Waldfrosch dort hatte ich rund fünf Jahre zuvor zum ersten Mal gehört, doch jedes Jahr wurden es mehr: 2014 laichten mehr als zweihundert Waldfroschweibchen in dem Teich ab, was insgesamt etwa vierzigtausend Eier ergab. Der Chor der beinahe genauso vielen Männchen war geradezu ohrenbetäubend, insbesondere in Kombination mit den noch lauteren Frühlingspfeifern. In dieser Geräuschkulisse täte sich eine Waldschnepfe schwer, gehört zu werden, und würde es dort möglicherweise gar nicht erst versuchen. Und für die Hypothese, dass Vögel auf ihre Umgebungsgeräusche reagieren, gibt es auch schon Beweise: Die in Großstädten lebenden Vögel singen lauter als die auf dem ruhigeren Land – hier wird die Aufführung also zweifelsohne an das Publikum angepasst.

Seit ich als Kind auf der Farm meiner Familie zum ersten Mal eine Waldschnepfe hörte, war ich den Vögeln in jedem Frühjahr aufs Neue ein gutes Publikum. Im Besonderen erinnere ich mich an eine Waldschnepfe, die zu einem Fleckchen mit Schneeschmelzwasser in der Nähe eines Erlendickichts hinter der Farm kam. Ich wurde eines Abends Zeuge ihres Balztanzes, und um das Tier wieder und wieder und wieder zu hören, brauchte ich gewissermaßen einen Sitzplatz auf der Haupttribüne: ein Zelt, das ich so nah wie möglich an dem Vogel bei der kleinen Kiefer der Spezies *Pinus virginiana* aufstellte, in der die Waldschnepfe nach jedem Tanz landete. Ich sah zu und lernte, eine Hypothese wollte ich damals noch nicht beweisen. Und jetzt, sechzig Jahre später, lerne ich noch immer als Publikum einer Waldschnepfe, so wie jeder beim Beobachten eines Stars, eines Saftleckers, eines Goldspechts oder eines Spatzen lernen kann – Wildvogel für Wildvogel.

Danksagung

Vögel beobachten und über sie schreiben sind Tätigkeiten, die man am besten allein ausübt. Verbindet man beides jedoch zu einem Buch, sind unter anderem möglicherweise Vorschläge und Korrekturen, Anstöße (geistiger und anderer Art) sowie die Begleitung von Freunden und verwandten Seelen vonnöten, die kritische Anmerkungen anbringen und als tatsächliche oder imaginäre Resonanzböden fungieren. In meinem Fall gehörten dazu (in keiner besonderen Reihenfolge) Alan Burger, Andrea Lawrence, Paul Spitzer, Lillian Reade, John Alcock, Margaret McVey, Greg Fell, Dean Leslie, Charles Sewall, Glenn Booma, Albert Reingewirtz, John Marzluff, Peter Miller, Duane und Nancy Leavitt, Lance Lichtensteiger, Alexandra und Garrett Conover, Joel Babb und Lynn Jennings. Von den Genannten gilt mein besonderer Dank John Alcock für das Lesen eines Manuskriptentwurfs sowie für seine wertvollen technischen Hinweise. Ich danke auch meiner Agentin Sandra Dijkstra und Lynn Jennings; beide haben mich des Öfteren in die richtige Richtung gelenkt und mir dabei geholfen, den Kurs zu halten. Mein aufrichtiger Dank gilt den Lektoren und Herstellern meines Verlagshauses Houghton Mifflin Harcourt, vor allem Camille Smith und Deanne Urmy, deren Augen in vielen Fällen wachsamer waren als meine. Und nicht zuletzt möchte ich Craig Neff und Pamelia Markwood vom *Naturalist's Notebook* in Seal Harbor, Maine, für ihre großzügige Unterstützung danken; sie haben fast alle meiner Illustrationen digitalisiert und archiviert, sodass die für dieses Buch geeigneten mühelos zur Verfügung standen.

Literatur

Ein Haus voller Spechte

BENT, ARTHUR C., *Life Histories of North American Woodpeckers,* Washington, DC 1939, S. 342.

KILHAM, L., »Early Reproductive Behavior of Flickers«, in: *Wilson Bulletin* 71 (1959), S. 323–336.

— *Life History Studies of Woodpeckers of Eastern North America,* Cambridge, MA 1983, S. 240.

SHERMAN, A. R., »At the Sign of the Northern Flicker«, in: *Wilson Bulletin* 22 (1910), S. 135–171.

Das Krähenquintett

CAFFREE, C., »Female-Biased Delayed Dispersal and Helping in American Crows«, in: *The Auk* 109 (3) (1992), S. 609–619.

HEINRICH, B., »Die Weisheit der Raben«, Berlin 2020.

KILHAM, L., »Cooperative Breeding of American Crows«, in: *Journal of Field Ornithology* 55 (3) (1984), S. 349–356.

— »Behavior of American Crows in the Early Part of the Breeding Cycle«, in: *Florida Field Naturalist* 13 (2) (1985), S. 25–48.

MARZLUFF, J. M., und T. ANGELL, *In the Company of Crows and Ravens,* New Haven, CT 2005, S. 384.

MARZLUFF, J. M., J. WALLS, H. N. CORNELL, J. WITHEY und D. P. CRAIG, »Lasting Recognition of Threatening People by Wild American Crows«, in: *Animal Behaviour* 79 (2010), S. 699–707.

VERBEEK, N. A., und C. CAFFREY, »American Crow (*Corvus brachyrhynchos*)«, in: A. Poole (Hg.), *The Birds of North America Online,* Ithaca 2002. {bna.birds.cornell.edu/BNA/} [Link ist erloschen]

Bekanntschaft mit einem Star

BAPTISTA, L. F., und L. PETRINOVICH, »Social Interaction, Sensitive Periods, and Song Template Hypothesis in the White-crowned Sparrow«, in: *Animal Behaviour* 36 (1984), S. 1753–64.

GENTNER, T. Q., K. M. FENN, D. MARGOLIASH und H. C. NUSBAUM, »Recursive Syntactic Pattern Learning by Songbirds«, in: *Nature* 440 (2006), S. 1204–1207.

Formationsflüge der Stare. Siehe {www.youtube.com/embed/88UVJpQGi88}, letzter Zugriff 29. 11. 2022.

WEST, M. J., A. N. STROUD und A. P. KING, »Mimicry of the Human Voice by European Starlings: The Role of Social Interaction«, in: *Wilson Bulletin* 95 (1983), S. 635–640.

WEST, M. J., und A. P. KING, »Mozart's Starling«, in: *American Scientist* 78 (1990), S. 106–114.

Der Specht mit der Trommel

BENT, A. C., »Life Histories of North American Woodpeckers«, in: *Bulletin of the U. S. National Museum* 174 (1939), S. 1–1322.

DAILY, G. C., P. R. EHRLICH und N. M. HADDAD, »Double Keystone Bird in a Keystone Species Mix«, in: *Proceedings of the National Academy of Sciences USA* 90 (1993), S. 592–594.

KILHAM, L., »Life History Studies of Woodpeckers of Eastern North America«, in: *Nuttall Ornithological Club* 20 (1983), S. 1–240.

WALTERS, E. L., E. H. MILLER und P. E. LOWTHER, »Yellow-bellied Sapsucker (*Sphyrapicus varius*)«, in: A. Poole und F. Gill (Hg.), *The Birds of North America* 662, Philadelphia 2002.

Streifenkauzgespräche

ANGELL, T., *The House of Owls*, New Haven, CT 2015, S. 203.

BENT, A. C., »Life Histories of North American Birds of Prey«, in: *U. S. National Museum Bulletin*, Bd. 2, 170 (1938).

ECKERT, A. W., *The Owls of North America,* New York 1974.
FREEMAN, P. L., »Identification of Individual Barred Owls Using Spectrogram Analysis and Auditory Cues«, in: *Journal of Raptor Research* 34 (2000), S. 85–92.
HEINRICH, B., *Ein Forscher und seine Eule,* München 1993.
KLATT, P. H. und G. RICHISON, »The Duetting Behavior of Eastern Screech Owls«, in: *Wilson Bulletin* 105 (3) (1993), S. 483–489.
ODUM, K. L., und D. J. MERRILL, »A Quantitative Description of the Vocalizations and Vocal Activity of the Barred Owl«, in: *Condor* 112 (2010a), S. 549–560.
— »Vocal Duets in Nonpasserines: An Examination of Territorial Defense and Neighbourhood Stranger Discrimination in a Neighborhood of Barred Owls«, in: *Behaviour* 147 (2010b), S. 619–639.
— »Inconsistent Geographic Variation in the Calls and Duets of Barred Owls (*Strix varia*) Across an Area of Genetic Introgression«, in: *The Auk* 129 (3) (2012), S. 387–398.

Des Bussards Tischwäsche

BERGER, S., R. DISKO und H. GWINNER, »Bacteria in Starling Nests«, in: *Journal of Ornithology* 144 (2003), S. 317–322.
BROUWER, L., und J. KOMDEUR, »Green Nesting Material Has a Function in Mate Attraction in the European Starling«, in: *Animal Behaviour* 67 (2004), S. 539–548.
CLARK, L., und J. R. MASON, »Use of Nest Material as Insecticidal and Anti-Pathogenic Agents by the European Starling«, in: *Oecologia* 67 (1985), S. 169–176.
GRACELIN, D. H. S., A. J. BRITTO und P. B. J. R. KUMAR, »Antibacterial Screening of a Few Medicinal Ferns Against Antibiotic Resistant Phytopathogens«, in: *International Journal of Pharmaceutical Sciences and Research* 3 (2012), S. 868–873.
GWINNER, H., und S. BERGER, »European Starlings: Nesting Condition, Parasites, and Green Nesting Material During the Breeding Season«, in: *Journal of Ornithology* 146 (2005), S. 365–371.

GWINNER, H., M. OLTROGGE, L. TROST und U. NIENABER, »Green Plants in Starling Nests: Effects on Nestlings«, in: *Animal Behaviour* 59 (2000), S. 301–309.

HEINRICH, B., *The Nesting Season: Cuckoos, Cuckolds, and the Invention of Monogamy,* Cambridge, MA 2010, S. 352.

HEINRICH, B., »Why Does a Hawk Build with Green Nesting Material?«, in: *Northeastern Naturalist* 20 (2) (2013), S. 209–218.

HOFFMAN, D., *Medical Herbalism: Principles and Practice,* Rochester, VT 2003, S. 588.

LYONS, D. M., K. TITUS und J. A. MOSHER, »Sprig Delivery by Broad-Winged Hawks«, in: *Wilson Bulletin* 98 (1986), S. 469.

MATRAY, P. F., »Broad-Winged Hawk Nesting Ecology«, in: *The Auk* 91 (1974), S. 307–324.

ORIANS, G. F., und F. KUHLMAN, »The Red-Tailed Hawk and Great Horned Owl Population in Wisconsin«, in: *Condor* 58 (1956), S. 371–385.

RODGERS, J. A., JR., A. S. WENNER und S. T. SCHWIKERT, »The Use and Function of Green Nest Material by Wood Storks«, in: *Wilson Bulletin* 100 (1988), S. 411–423.

ROSENFIELD, R. N., »Sprig Collection by a Broad-Winged Hawk«, in: *Raptor Research* 16 (1982), S. 63.

SRIVASTAVA, K., »Importance of Ferns in Human Medicine«, in: *Ethnobotanical Leaflets* 11 (2007), S. 231–234.

WELTY, J. C., *The Life of Birds,* Philadelphia 1962, S. 720.

WIMBERGER, P. H., »The Use of Green Plant Material in Bird Nests to Avoid Ectoparasites«, in: *The Auk* 101 (1962), S. 615–618.

Geburtenkontrolle bei den Vireos

ALCOCK, J., »The Evolution of Parental Favoritism«, in: ders. *Animal Behavior: An Evolutionary Approach,* S. 426–435.

HUSBY, M., »On the Adaptive Value of Brood Reduction in Birds: Experiments with Magpies, *Pica pica*«, in: *Journal of Animal Ecology* 55 (1986), S. 75–83.

JAMES, R. D., »Blue-Headed Vireo (*Vireo solitarius*)«, in: A. Poole und F. Gill (Hg.), *The Birds of North America*, Philadelphia, 1998.

MOCK, D. W., »Siblicide Aggression and Resource Monopolization in Birds«, in: *Science* 225 (1984), S. 731–733.

MOCK, D. W., H. DRUMMOND und C. H. STINSON, »Avian Siblicide«, *American Scientist* 78 (1990), S. 438–449.

O'CONNOR, R. J., »Brood Reduction in Birds: Selection for Fratricide, Infanticide and Suicide?«, in: *Animal Behaviour* 26 (1978), S. 790–796.

— »Egg Weights and Brood Reduction in the European Swift (*Apus apus*)«, in: *Condor* 81 (1979), S. 133–145.

Die Kleiber bauen sich ein Nest

GHALAMBOR, C. K., und T. H. MARTIN, »Red-Breasted Nuthatch (*Sitta canadensis*)«, in: A. Poole (Hg.), *The Birds of North America Online*, Ithaca, NY 1999. {bna.birds.cornell.edu/BNA/} [Link ist erloschen]

Die Sprache der Blauhäher

JOHNSON, W. C., und T. WEBB, »The Role of Blue Jays (*Cyanocitta cristata*) in the Postglacial Dispersal of Fagaceous Trees in North America«, in: *Journal of Biogeography* 16 (1989), S. 561–571.

JONES, T. B., und A. C. KAMIL, »Tool-Making and Tool-Use in the Northern Blue Jay«, in: *Science* 180 (1973), S. 1076–1078.

RACINE, R. N. und N. S. THOMPSON, »Social Organization of Wintering Blue Jays«, in: *Behaviour* 87 (1983), S. 237–255.

STEWART, P. A., »Migration of Blue Jays in Eastern North America«, in: *North American Bird Bander* 7 (1982), S. 107–112.

TARVIN, K. A., und G. E. WOOLFENDEN, »Blue Jay (*Cyanocitta cristata*)«, in: A. Poole und F. Gill (Hg.), *The Birds of North America*, Philadelphia 1999.

Meisen im Winter

BARNEA, A., und N. NOTTEBOHM, »Seasonal Recruitment of Hippocampal Neurons in Adult Free-Ranging Black-Capped Chickadees«, in: *Proceedings of the National Academy of Sciences USA* 91 (1994), S. 11214–11221.

HEINRICH, B., und R. BELL, »Winter Food of a Small Insectivorous Bird, the Golden Crowned Kinglet«, in: *Wilson Bulletin* 107 (3) (1995), S. 558–561.

HEINRICH, B., und S. L. COLLINS, »Caterpillar Leaf Damage, and the Game of Hide-and-Seek with Birds«, in: *Ecology* 64 (3) (1983), S. 592–602.

NOTTEBOHM, F., »Testosterone Triggers Growth of Brain Vocal Control Nucleus in Adult Female Canaries«, in: *Brain Research* 189 (1980), S. 429–436.

— »A Brain for All Seasons: Cyclical Anatomical Changes in Song Control Nucleus of the Canary Brain«, in: *Science,* 214 (1981), S. 1368–1370.

— »From Birdsong to Neurogenesis«, in: *Scientific American* 260 (1989), S. 74–79.

SHERRY, D. F., und J. S. HOOSHOOLY, »The Seasonal Hippocampus of Food-Storing Birds«, in: *Behavioral Processes* 80 (2009), S. 334–338.

SMITH, S. M., *The Black-capped Chickadee: Behavioral Ecology and Natural History.* Ithaca, NY/London 1991, S. 362.

Birkenzeisige und ihre Schneetunnel

CADE, T. J., »Sub-Nival Feeding of the Redpoll in Interior Alaska: A Possible Adaptation to the Northern Winter«, in: *Condor* 55 (1953), S. 43–44.

CLEMENT, R. C., »Common Redpoll«, in: A. C. Bent und O. L. Austin (Hg.) *Life Histories of North American Cardinals, Grosbeaks, Buntings, Finches, Sparrows, and Allies,* Washington, DC 1968.

COLLINS, J. E., und J. M. C. PETERSON, »Snow Burrowing by Common Redpolls (*Carduelis flammea*)«, in: *The Kingbird* 53 (1) (2003), S. 13–22.
FURNESS, G., »Common Redpolls Excavating Snow Burrows and Snow Bathing«, in: *The Kingbird* (Spring 1987), S. 74–75.
GUNTERT, M., D. HAY und R. P. BALDA, »Communal Roosting in the Pygmy Nuthatch: A Winter Survival Strategy«, in: *Proceedings of the International Ornithological Congress* 19 (1988), S. 1964–1972.
HEINRICH, B., »Redpoll Snow Bathing: Observations and Hypothesis«, in: *Northeastern Naturalist* 21 (4) (2014), S. N45–N52.
HEINRICH, B., und R. SMOLKER, »Play in Common Ravens (*Corvus corax*)«, in: M. Beckoff und J. A. Byers (Hg.), *Animal Play: Evolutionary, Comparative, and Ecological Perspectives,* Cambridge, UK 1998, S. 27–44.
KNOX, A. G., und P. E. LOWTHER, »Common Redpoll (*Carduelis flammea*)«, in: A. Poole und G. Gill (Hg.), *The Birds of North America Online,* Ithaca, NY 2000. {bna.birds.cornell.edu/BNA/} [Link ist erloschen]
KORHONEN, K., »Temperature in the Nocturnal Shelters of the Redpoll (*Acanthis flammea* L.) and the Siberian Tit (*Parus cinctus* Budd.) in Winter«, in: *Annales Zoologici Fennici* (1981), S. 165–168.
MELTOFTE, K., »Arrival and Pre-Nesting Period of the Snow Bunting *Plectophenax nivalis* in East Greenland«, in: *Polar Research* 1 (1983), S. 185–198.
NOVIKOV, G. A., »The Use of Under-Snow Refuges Among Small Birds of the Sparrow Family«, in: *Aquilo Serie Zoologica* 13 (1972), S. 95–97.
PALMER, R. S., *Maine Birds. Bulletin of the Museum of Comparative Zoology* 102 (1949).
SULKAVA, S., »On Small Birds Spending the Night in the Snow«, in: *Aquilo Serie Zoologica* 7 (1968), S. 33–37.

Dem Kragenhuhn auf der Spur

BUMP, G. R., R. W. DARROW, F. C. EDMINSTER und W. F. CRISSEY, *The Ruffed Grouse: Life History, Propagation, and Management,* Buffalo 1947, S. 915.

HEINRICH, B., *The Winter World: The Ingenuity of Animal Survival.* New York 2003, S. 347.
— »Overnighting of Golden-Crowned Kinglets in Winter«, in: *Wilson Bulletin* 115 (2004), S. 123–124.
PAGE, R. E., und A. T. BERGERUD, »A Genetic Explanation for the Ten-Year Cycles in Grouse«, in: A. T. Bergerud und M. W. Gratson (Hg.) *Adaptive Strategies and Population Ecology of Northern Grouse, Oecologia* 64,1 (1984), S. 54–60.
WHITAKER, D. M., und D. F. STAUFFER, »Night Roost Selection During Winter by Ruffed Grouse in the Central Appalachians«, in: *Southern Naturalist* 2 (3): (2003), S. 377–392.

Die Nesthelfer der Schnäppertyrannen

ALCOCK, J., *Animal Behavior: An Evolutionary Approach,* Sunderland, MA [8]2005, S. 405–435.
CLUTTON-BROCK, T. H., *The Evolution of Parental Care,* Princeton 1991.
DAVIES, N. B., *Cowbirds and Other Cheats,* London 2000.

Rückkehr der Rotflügelstärlinge

ORIANS, G. H., *Some Adaptations of Marsh-Nesting Blackbirds,* Princeton 1980, S. 159.
SEARCY, W. A., und K. YASUKAWA, *Polygyny and Sexual Selection in Red-Winged Blackbirds,* Princeton 1995, S. 3; S. 32; S. 61–62.

Die Zeit der Phoebetyrannen

HEINRICH, B., »Phoebe Diary«, in: *Natural History* 109 (4) (2000), S. 14–15.
OLSON, ROBERTA, und NEW YORK HISTORICAL SOCIETY, *Audubon's Aviary: The Original Watercolors for The Birds of America,* New York 2012, online unter {audubon.nyhistory.org/eastern-phoebe-sayornis-phoebe-bird-banding/}, letzter Zugriff 10. 2. 2023.
POUGH, RICHARD H., *Audubon Bird Guide.* New York 1946.

Abendkernbeißer

GILLIHAN, S. W., und B. BYERS, »Evening Grosbeak (*Coccothraustes vespertinus*)«, in: A. Poole (Hg.), *The Birds of North America Online*, Ithaca, NY 2001. {bna.birds.cornell.edu/BNA/} [Link ist erloschen]

Publikum für eine Waldschnepfe

LONGCORE, J. R., D. G. MCAULEY, U. A., *Canadian Journal of Zoology* 74 (1996), S. 2046–2054.

MARSHALL, W. M., »Does the American Woodcock Bob or Rock – and Why?«, in: *The Auk* 99 (1982), S. 791.

MCAULEY, D. G., J. R. LONGCORE und G. F. SEPIC, »Behavior of Radio-Marked Breeding American Woodcocks«, in: *Proceedings of the Eighth American Woodcock Symposium*, Washington DC 1993, S. 116–125.

MENDELL, H. L., und C. M. ALDOUS, »The Ecology and Management of the American Woodcock«, in: *Orono: Maine Cooperative Wildlife Research Unit*, Maine 1948, S. 201.

NEMETH, E., und H. BRUMM, »Blackbirds Sing Higher-Pitched Songs in Cities: Adaptation to Habitat Acoustics of Side-Effect or Urbanization«, in: *Animal Behaviour* 78 (3) (2009), S. 637–641.

PETTINGILL, O. S., JR., »The American Woodcock (*Philohela minor*)«, in: *Memoirs of the Boston Society of Natural History* 9 (1936), S. 169–391.

SHELDON, W. G., *The Book of the American Woodcock*, Amherst 1967.

WORTH, C. B., »Body-Bobbing Woodcocks«, in: *The Auk* 93 (1976), S. 374–375.

Anhang

Wissenschaftliche Namen der in den einzelnen Kapiteln beschriebenen oder häufig genannten Vögel

Abendkernbeißer
Coccothraustes vespertinus
Amerikanerkrähe
Corvus brachyrhynchos
Amerikanische Waldschnepfe/
Kanadaschnepfe
Scolopax minor
Birkenzeisig
Carduelis flammea
Blauhäher
Cyanocitta cristata
Breitschwingenbussard
Buteo platypterus
Carolinataube (Trauertaube)
Zenaida macroura
Eckschwanzsperber
Accipiter striatus
Fichtenzeisig
Carduelis pinus
Gelbbauch-Saftlecker
Sphyrapicus varius
Goldspecht
Colaptes auratus
Goldzeisig
Carduelis tristis
Graukopf-Vireo
Vireo solitarius
Kanadagans
Branta canadensis
Kanadakleiber
Sitta canadensis
Kolkrabe
Corvus corax
Kragenhuhn
Bonasa umbellus
Kronenwaldsänger
Dendroica coronata
Purpur-Grackel
Quiscalus quiscula
Rotflügelstärling
Agelaius phoeniceus
Rotschwanzbussard
Buteo jamaicensis
Rubinfleck-Waldsänger
Leiothlypis ruficapilla
Sägekauz
Aegolius acadicus
Schnäppertyrann
Myiarchus crinitus
Schwarzkopfmeise
Poecile atricapillus
Star
Sturnus vulgaris
Streifenkauz
Strix varia
Sumpfschwalbe
Tachycineta bicolor
Virginia-Uhu
Bubo virginianus
Wanderdrossel
Turdus migratorius
Weißbauch-Phoebetyrann
Sayornis phoebe

Register

BERND HEINRICH, 1940 in Bad Polzin, dem heutigen Połczyn-Zdrój geboren, ist emeritierter Professor für Biologie an der Universität Vermont. Bekannt wurde er als Langstreckenläufer sowie durch seine Forschungen über Hummeln und Raben. 2017 erschien sein Buch *Der Heimatinstinkt* bei Matthes & Seitz Berlin, 2019 folgte *Leben ohne Ende* und 2020 *Die Weisheit der Raben.*

ULRIKE KRETSCHMER, 1968 in Leipzig geboren, promovierte über Englische und Deutsche Philologie in Münster. 2010 erhielt sie für die Übersetzung von William Kamkwambas und Bryan Mealers *Der Junge, der den Wind einfing* den Corine-Preis in der Kategorie Focus Zukunftspreis. Sie lebt als freie Übersetzerin in München.

NATURKUNDEN N° 93
Erste Auflage Berlin 2023

NATURKUNDEN
herausgegeben von Judith Schalansky
erscheinen bei Matthes & Seitz Berlin
ermöglicht durch Jan Szlovak, Hamburg

Die Vogelporträts der Kapitelaufmacher zeichnete Pauline Altmann,
das Autorenporträt zeichnete sie nach einer Vorlage von Richard B. Clark.

EINBAND, TYPOGRAFIE Pauline Altmann, Palingen
durchgesehen von Judith Schalansky
SCHRIFT Clifford von Akira Kobayashi / FontFont,
Aspen von Ludwig Übele
HERSTELLUNG Hermann Zanier, Berlin
PAPIER 90 g/qm Schleipen Fly 05 spezialweiß, 1,2-faches Volumen
DRUCK, BINDUNG Pustet, Regensburg

ISBN 978-3-7518-0216-1

www.matthes-seitz-berlin.de